# EPANET y Cooperación

## Introducción al cálculo de redes de agua por ordenador

2ª edición. Revisada y ampliada
Abril 2021

**Santiago Arnalich**

# arnalich
water and habitat

# EPANET y Cooperación

**Introducción al cálculo
de redes de agua por ordenador**

2ª edición. Revisada y ampliada
Abril 2021

**ISBN: 978- 84- 611- 9322- 6**

Si deseas utilizar parte de los contenidos de este libro,
contáctanos en publicaciones@arnalich.com.

**Foto de la portada:** Daños del Tsunami en Meulaboh, Indonesia
Fe de erratas en: www.arnalich.com/dwnl/xlipaco.doc

**Agradecimientos**: Jesús Cruz Franco y Agustín Moya Colorado por la revisión de esta edición.

# arnalich

water and habitat

*A todo el equipo de Tanzania, con especial cariño a Telesphory y Vincent*

# PREFACIO

Para quienes estamos acostumbrados a abrir un grifo y ver correr el agua, puede parecer extraño que todavía tengamos que publicar, revisar y traducir libros sobre redes de distribución de agua, porque damos por hecho tener agua corriente. En mi primera misión como ingeniero WASH, organicé una excursión un domingo soleado para explicar a mis colegas del Comité Internacional de la Cruz Roja cómo funciona realmente el suministro de agua que utilizan a diario: visitamos una captación, seguimos la tubería, una estación de bombeo, visitamos una planta de tratamiento de agua y un gran depósito situado en una colina sobre la ciudad. Según me contaron, ninguno se había parado a pensar lo que se necesitaba para el suministro de agua potable, que sin duda lo recordarían.

Algunas décadas más tarde, la situación del suministro de agua ha mejorado en muchos lugares, y los actores humanitarios se atreven cada vez más a reparar las infraestructuras de agua dañadas por conflictos o desastres naturales, en lugar de malgastar energía y dinero en sistemas temporales de suministro de agua, como la distribución con camiones cisterna y otras soluciones caseras tan comunes en la ayuda humanitaria. Pero para construir, utilizar, reparar o mejorar un sistema de suministro de agua ya existente, es crucial entender su comportamiento, y los cálculos hidráulicos son imprescindibles para evitar gastar tiempo y dinero en construir sistemas que no funcionen. Sin ellos el milagro de tener agua corriente se escurre entre los dedos... Santiago Arnalich ve en EPANET, un programa gratuito desarrollado por la Agencia de Protección Medioambiental de EE. UU, la herramienta ideal para hacer accesibles los cálculos hidráulicos a cualquier ingeniero. Este y otros manuales de su serie se explican prácticas del día a día del ingeniero de agua: cartografiar el lugar en el que pretenden intervenir, diseñar y calcular sistemas de alimentación por gravedad, equipar un pozo de sondeo, seleccionar el tipo adecuado y luego mantener los generadores o diseñar un sistema de distribución de agua.

Dado que el cambio climático afecta cada vez más al ciclo del agua, las inversiones en buenas infraestructuras, como la distribución centralizada de agua, siguen siendo una forma muy eficaz de suministrar el primer alimento de la humanidad, el agua. Pero también es necesario gestionar los recursos hídricos con más cuidado para evitar el despilfarro de agua o energía. Esto sólo puede hacerse complementando el sistema de distribución de agua con un sistema adecuado de control de los recursos hídricos. Las mediciones a largo plazo de los rendimientos de los manantiales o de los niveles estáticos de las aguas subterráneas son necesarias para evaluar las tendencias de evolución de los recursos hídricos. Por otro lado, las mediciones de las cantidades de agua inyectadas en el sistema de agua y la evaluación precisa de las pérdidas de agua permiten realizar reparaciones rápidas en cuanto se alcanzan niveles críticos de pérdidas de agua. Los sensores y contadores de agua instalados en puntos críticos de un sistema de abastecimiento de agua permiten hoy en día un seguimiento constante de su comportamiento e intervenciones tempranas, ya sea a nivel de los recursos hídricos (por ejemplo, reduciendo las horas de bombeo si el nivel freático está bajando) o en la gestión de la red de distribución (por ejemplo, distribuyendo agua sólo algunas horas al día o reduciendo la presión global hasta que finalicen las reparaciones para reducir las pérdidas de agua).

Si queremos que el milagro de tener agua corriente dure muchos más años, tendremos que integrar la gestión del sistema de distribución de agua en una perspectiva más amplia que abarque la gestión integrada de los recursos hídricos desde la fuente hasta el usuario final. Una vez que se utiliza el agua (apenas un palmo o dos tras el grifo), es necesario recoger y tratar las aguas residuales para que puedan reciclarse en el ciclo global del agua.

Con su libro, Santiago Arnalich allana el camino hacia un mejor diseño de las redes de abastecimiento de agua, que permitirá ahorrar dinero, tiempo y energía. Nos sentimos orgullosos de participar en una empresa tan noble y esperamos que este libro contribuya a que el agua siga fluyendo.

Marc-André Bünzli
Asesor temático de WASH humanitario
Agencia Suiza para el Desarrollo y la Cooperación

# Índice

# CAPÍTULO 1

# Introducción

## Algunas cosas importantes antes de empezar

• Este es un manual sobre una visión personal. Las cosas no son absolutas. Muchas decisiones durante el diseño escapan un enfoque estrictamente racional. Mantén una visión crítica y ten presente que lo que aquí expongo, no es *la forma de diseñar una red,* sino una forma más.

• Se ha buscado un manual autocontenido. Tienes casi todo lo que necesitas y faltan muchas cosas que no necesitas, como explicaciones meticulosas o rigor innecesario.

• Este manual está pensado para su aplicación en proyectos de Cooperación al Desarrollo. Las particularidades del contexto hacen que muchos componentes y procedimientos tan necesarios en proyectos de países ricos no tengan sentido.

• Se limita al diseño de una red. El análisis de redes existentes implica un paso más en cuanto a complicación y necesita frecuentemente técnicas y enfoques más elaborados. Por ejemplo, los modelos una vez construidos deben ser calibrados.

• Con software, 6 meses es una eternidad. Algunos de los procedimientos descritos serán mejorados en cuestión de meses, aparecerán programas y accesorios nuevos y formas más eficaces de hacer lo mismo. Por otro lado, EPANET se aprende y se reaprende periódicamente, según se va necesitando. Es raro que en Cooperación alguien esté ocupado a tiempo completo durante mucho tiempo. Así, no se pretende hacer un manual de última generación, sino un manual al que se pueda volver cada vez que se necesita.

• Este libro está orientado hacia redes con un tamaño mínimo. El enfoque utilizado de coeficientes pico no sirve para redes muy pequeñas o instalaciones interiores. Para evitar problemas y por otros motivos igualmente importantes (ampliaciones, incendios, etc.), procura no instalar tuberías menores de 63-75 mm con la única excepción de las acometidas particulares de una casa. EPANET no puede trabajar directamente usando coeficientes de simultaneidad porque no se cumpliría el balance de masas.

> ▶ https://youtu.be/Jt6nGTZ5CgE          (Design flow)

● Nadie es perfecto, si encuentras errores ten la bondad de informarme de ellos, coordinacion@arnalich.com

Una vez leas y hayas practicado lo que lees, serás capaz de:

1. Conocer los aspectos básicos del programa EPANET.
2. Recopilar la información necesaria previa.
3. Diseñar redes nuevas.
4. Sentar la base para iniciarte en la reparación, ampliación y optimización de redes existentes.

## Diseño de redes vs. Análisis de redes existentes

Este manual considera sólo el diseño de redes nuevas aisladas. Es un primer paso hacia el análisis de redes existentes cuya complejidad es mucho mayor. Aunque a priori el diseño pueda parecer más intimidante, las redes ya construidas añaden estas dificultades:

1. Problemas de **fiabilidad de los datos**. En los contextos de cooperación frecuentemente no hay planos de las redes, la información no está actualizada, los cambios que se han hecho no están más que en la memoria de algún trabajador, etc. En las redes nuevas, los datos sobre la red son fiables al 100%.

2. Se desconoce **la importancia y localización de cada una de las fugas.** Las redes nuevas van a ser probadas a presión cuando están a medio enterrar, revelando la existencia de fugas.

3. Se ha **modificado el diámetro y rugosidad** de las tuberías por depósito de sales, cal y óxidos, aumentando en gran medida la resistencia al flujo.

4. Generalmente **se desconoce el estado de funcionamiento**, por ejemplo, qué válvulas no funcionan o están atascadas en posiciones intermedias.

Todo esto hace que tras la construcción de un modelo tentativo con EPANET, haya que calibrarlo, es decir, comparar las mediciones en el terreno con los valores del ordenador, hasta que este consiga reproducir correctamente la realidad. Este proceso es costoso, laborioso, complicado, y frecuentemente requiere material caro y especializado.

## ¿Cuándo es apropiado hacer una red?

Las redes son costosas, requieren una capacidad de organización considerable, una infraestructura básica, tienen componentes muy caros y una vez descuidadas son complicadas de poner a punto nuevamente. Sin embargo, cuando se dan las condiciones adecuadas ninguna otra intervención suministrará tanta agua con un coste tan bajo. Estas condiciones son las siguientes:

1.  **Las poblaciones están relativamente concentradas** o tienen el potencial de hacerlo por ser zonas de nueva ocupación. Esto permite disminuir la relación km de tubería instalado / habitantes cubiertos haciendo que sea la intervención más barata. Es más razonable instalar 200 metros de tubería en un núcleo urbano que perforar un sondeo nuevo. A modo indicativo, un pozo puede costar unos 300 €/m, un sondeo 200 €/m y una tubería de PVC de 100 mm 20 €/m. A modo indicativo, en los núcleos urbanos españoles la relación es de unos 2 km de tubería por cada mil habitantes.

2.  **La población tiene cohesión social** e instituciones capaces de encargarse de la gestión y una estructura que facilite la gobernanza. Las poblaciones nómadas no son buenos candidatos. Frecuentemente, nadie se siente dueño de los sistemas y se llegan a ver como una "fuente de ingresos" mediante el saqueo. Por el contrario, un campo de refugiados con fuerte apoyo internacional y responsables claros es un lugar a priori ideal para una red.

3.  **La fuente de agua se puede explotar sosteniblemente.** La creación de una red fomenta el consumo de agua al disminuir uno de los factores limitantes del consumo, el acarreo. La fuente debe ser capaz de absorber ese incremento de demanda. Un manantial o un acuífero con claros signos de sobrexplotación son malos candidatos para una red.

4.  **No debe crear problemas ambientales**, notablemente encharcamiento. El agua explotada y transportada por una red debe ser también evacuada. Si el relieve es plano, los suelos impermeables y no hay sistemas de aguas sucias la red aportará más problemas que soluciones.

Sin ser motivo de exclusión, los relieves muy planos complican y encarecen la construcción y operación de una red. Las aguas residuales se deben evacuar, el bombeo es constante por la imposibilidad de construir depósitos elevados del tamaño adecuado, las tuberías no son autolimpiantes, se estrangulan y sufren golpes de ariete por acumulación de aire que no puede escapar por puntos elevados por citar sólo algunos de los inconvenientes.

Allí donde se pueda establecer un sistema gravitatorio con distancias relativamente cortas, ya sea por la presencia de una fuente de agua en altura o por la existencia de un buen emplazamiento para un depósito, la red debe considerarse como primera opción.

## ¿Por qué calcular una red?

Pese a que la humanidad tuvo que esperar al año 1936 para desarrollar el aparato matemático necesario para calcular las redes malladas[1], y que mi ordenador necesita algunos segundos para calcular la red de Taetan (40.000 personas), predomina la visión de que las redes funcionan casi solas o que pueden diseñarse "a ojímetro" o con tres recetas de cocina obsoletas.

La proliferación de personajes que afirman sin pestañear tener la capacidad de calcular redes en sus cabezotas es francamente exasperante. No es sorprendente, que muchas ni siquiera lleguen a funcionar después de rotaciones interminables de "expertos" y años de implicación activa de donantes.

**Planificar una red a ojo, es someter la salud, el bienestar y el desarrollo económico de una comunidad a los caprichos del azar.**

Algunas razones más para calcular redes:

1.  Las redes sin diseñar **desprecian el trabajo y esfuerzo de las comunidades** llamadas a colaborar.

---

[1] Cross, Hardy. *Analysis of flow in networks of conduits or conductors. University of Illinois Bulletin No. 286. November 1936.*

2. **Son peligrosas**. El vaciado y llenado de tuberías por la falta de presión aspira patógenos al interior facilitando la dispersión de enfermedades.

3. **Son caras de mantener**. Las redes despresurizadas se llenan de aire. Al llenarse de agua el aire debe ser evacuado. Este purgado debe ser extremadamente cuidadoso para evitar golpes de ariete que destruyen las tuberías y multiplican las fugas. Algunos estudios en países en desarrollo en los que hay cortes de agua apuntan a que las tuberías, que se llenan y vacían cada vez que se corta el agua, se rompen hasta 10 veces más de lo que sería esperable[1].

4. **Son antieconómicas**. No utilizan bien los recursos disponibles, ya sea porque están sobredimensionadas o porque son caras de hacer funcionar. Una medida típica para "solventar" redes con puntos sin presión es elevar más el depósito desde el que se alimentan. El resultado es que el consumo energético se dispara por tener que elevar miles de toneladas de agua varios metros más para evitar la falta de presión en unos pocos puntos. Peor aún, hacen perder el tiempo a las personas que las usan, desperdiciando su productividad con esperas innecesarias e inoportunas.

5. **Rara vez son ampliables**. La falta de objetivos claros en el diseño y las improvisaciones dificultan la expansión de una red hecha sin criterio.

6. **Atentan contra los derechos humanos**. Obligan a los usuarios a adaptarse a la red, en lugar de lo contrario. Así, se pierden gran parte de los beneficios sociales, aunque lleguen a dar agua. Por ejemplo, los niños acaban faltando al colegio para coger agua temprano por la mañana, y como frecuentemente las elegidas para esa tarea en su familia, colegio o comunidad son niñas, se empeora la brecha de genero ya de por si importante.

En los proyectos de agua de cooperación, con profesionales que tienen que abarcar campos muy amplios y ponerse sombreros distintos (ingeniero, antropólogo, hidrogeólogo, sociólogo, evaluador...), es inevitable que se sepa poco de un campo en concreto. **Asegúrate que no estas preso en las garras del efecto Dunning-Kruger**, un sesgo cognitivo en el que las personas con poca experiencia y conocimiento para una tarea sobreestiman aparatosamente su capacidad. **Si no puedes con el cálculo, ¡subcontrátalo!**, pero no lo despaches con tres ideas simplonas. Las redes deben ir debidamente calculadas.

---

[1] *Lambert, A., Myers, S. and Trow, S. (1998) Managing Water Leakage: Economic and technical issues. Financial Times Energy.*

**Si supervisas proyectos de otros, ¡exige los cálculos!** Se hubiera ahorrado mucho dinero en intervenciones fallidas si los donantes hubieran incorporado eso a sus reglas.

Por otro lado, con guía y algo de paciencia y tiempo, no es una tarea especialmente difícil, así que tampoco hay que asustarse.

## Adaptándose al contexto

Manuales de hidráulica ya hay muchísimos, no se hace necesario uno más. ¿Entonces por qué otro manual? **Porque los proyectos de Cooperación no son proyectos como los de los países ricos.**

Veamos dos casos. Las redes de los países ricos se diseñan con tres objetivos en mente. En primer lugar, que funcionen hidráulicamente. Es decir, que sean capaces de hacer frente a la demanda de agua. En segundo lugar, que esa agua le llegue al usuario con calidad muy alta. Y, en tercer lugar, que sea fiable contra roturas, fallos eléctricos, averías, etc. Este último punto requiere una inversión considerable, con equipos de reserva y muchas tuberías adicionales entre otros gastos. Cuando las necesidades de vacunación, educación o la falta de trabajo acosan a una población, ¿de verdad tiene sentido que la red sea a prueba de averías eléctricas? Si aún tienes dudas, considera cuáles son las consecuencias de la interrupción del abastecimiento de agua durante unas horas por un apagón y compáralas con las de no haber vacunado a los niños contra la Polio.

Otro caso interesante es el de la demanda a incendios, es decir, el caudal y el almacenamiento necesarios para hacer frente a un incendio. En redes de países ricos, este caudal suele ser muy superior al consumo de los ciudadanos y por tanto se instalan tuberías y depósitos mucho mayores que las que se necesitarían para cubrir la demanda normal. Muchos países de renta baja han adaptado normativas occidentales, pero, ¿tiene sentido sobredimensionar la red para proveer un caudal de 32 l/s en un punto y tener depósitos de 230 m$^3$ cuando los medios de lucha contra incendios están limitados a los cubos que puedan reunir los vecinos? ¿No será mejor utilizar esos, digamos 100.000 € de más, en facilitar la creación de 1000 negocios mediante microcréditos?

Todas estas circunstancias hacen que las decisiones sean muy difíciles y delicadas. Para estas decisiones, de poco sirve refugiarse en el rigor de los manuales occidentales.

# Introducción al diseño de redes

Diseñar una red es definir cómo va a ser esa red mediante unos cálculos que permiten asegurar que va a funcionar correctamente. Los parámetros de diseño para Cooperación son principalmente cuatro (más detalles en el Capítulo 6):

- **Presión**, que asegura que los usuarios recibirán agua en todos los puntos considerados.
- **Velocidad** en la tubería, que determina que la red propuesta no es demasiado grande (velocidades bajas) y costosa de construir o demasiado pequeña y costosa de hacer funcionar (velocidades altas).
- **Envejecimiento** es el tiempo de permanencia del agua en la red. Si el agua pasa mucho tiempo en la red su calidad se resiente.
- **Concentración de cloro,** que asegurará la potabilidad del agua, sin que su sabor cause rechazo entre los usuarios.

Existen infinitas soluciones para abastecer de agua en unas circunstancias dadas, muchas de ellas viables y razonables según los parámetros que acabamos de ver. Considera, por ejemplo, las dos maneras de conectar los puntos de consumo •, al depósito ⬜.

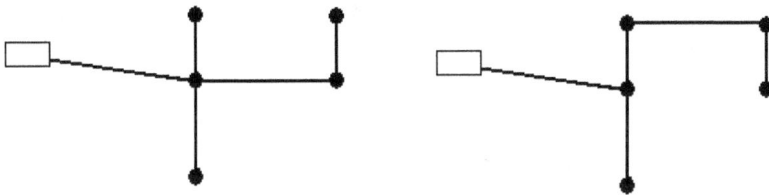

Para elegir una de ellas se suele buscar otro parámetro, principalmente el económico. Básicamente se trata de elegir aquella solución que es más barata, no sólo de construir sino también de operar. Esta idea y la manera de comparar las facturas de amortización de la inversión inicial con la de operación de la red se ven en el Capítulo 8.

Sin embargo, el criterio económico no es el único criterio. Pero antes hace falta una pequeña explicación...

Hay dos tipos de trazado de la red. En el **ramificado**, las tuberías se van ramificando de manera parecida a las ramas de un árbol. La ventaja principal es la economía, pues hace falta mucha menos tubería. Los inconvenientes, debidos a que el agua solo puede llegar a un punto por un camino, son la falta de fiabilidad y los problemas de calidad por estancamiento de agua dentro de la red. Para solucionarlos, se hacen redes con trazado **mallado** o en panel de abeja, que, aunque son más fiables y salubres, son más caras. En la imagen puedes ver la transformación de una red ramificada en una mallada mediante la instalación de la tubería t para cerrar el bucle.

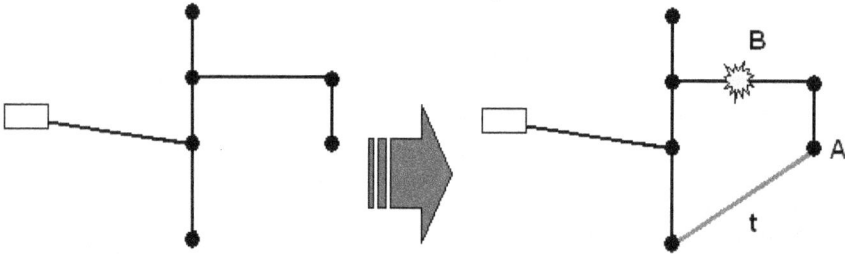

Al añadir la tubería t, en azul, el punto A puede recibir el agua tanto del norte como del sur, de tal manera que una ruptura en el punto B ya no interrumpe el suministro de agua en A.

Volviendo al tema de buscar la red más barata, es evidente que intentarlo a partir de una red mallada es un contrasentido, ya que siempre se acaba en redes ramificadas. Y, sin embargo, ¡la tendencia clara es hacer redes malladas! Ello se debe a que, además del criterio económico hay otros criterios muy importantes en Cooperación, por ejemplo:

- la **robustez**, especialmente cuando el material es caro y no está disponible con rapidez, las poblaciones son inexpertas porque es la primera vez que tienen una red y el personal es novato.

- la **adaptabilidad**, las redes ramificadas no permiten grandes modificaciones o ampliaciones; es más difícil adaptarlas para seguir la evolución de la población.

- La **escasez y fiabilidad de los datos** recomienda redes malladas, ya que las ramificadas necesitan conocimientos precisos de cuánto se consume en qué lugares, que frecuentemente no están disponibles o no son fiables.

El proceso de diseño tiene dos fases bien definidas:

1. **Trazado de la red**. Se dibujan en el espacio sus elementos, es decir se dibuja el esquema de la red sobre un mapa y se añaden los datos. Existen limitaciones prácticas a los trazados posibles. Se intenta que las tuberías y elementos estén accesibles y se suele optar por colocarlas paralelas a las calles, lindes de parcelas, etc.

2. **Dimensionado de los elementos**, es decir, determinar su tamaño y propiedades. La tubería 32 será de 200 mm, la válvula 3 será de compuerta y de 50 mm de diámetro, el tanque de la colina de 40 $m^3$... Para hacerlo, se prueba para el peor de los casos previsibles, partiendo de la hipótesis de que, si funciona en el escenario más adverso, lo hará sin problemas en el resto. En otras palabras, si la tubería de 200 mm puede transportar un caudal de 30 l/s de agua, también podrá con 5 l/s. La base para determinar si una red se comporta adecuadamente o no, es determinar la demanda a la que está sometida en condiciones normales y corregirla para simular ese peor escenario. Este proceso de asignar un consumo a cada lugar del espacio se llama **cargar el modelo** y encontrarás los detalles en el Capítulo 5.

Aquí es donde entra en juego EPANET. Usando este programa podrás determinar qué diseños se comportarán adecuadamente en el peor de los casos sin necesidad de cálculos hercúleos. Tu tarea se reduce entonces a averiguar cuál es el más barato entre ellos teniendo en cuenta los aspectos ya mencionados.

3. **Repetir el dimensionado** varias veces probando estrategias distintas que lleguen a soluciones válidas.

4. **Benchmarking**. Realizar una evaluación comparativa de los distintos diseños para encontrar el más económico que sea robusto y práctico. No hace falta un presupuesto detallado, basta con establecer costes por metro lineal para los distintos diámetros (tubería y excavaciones) y obtener un total aproximado para cada tentativa.

# CAPÍTULO 2

# Pensando servicio, no infraestructura

## ¿Por qué hacemos proyectos de agua?

La respuesta es obvia, para **mejorar las condiciones de vida de las personas.**

Quizás esperabas una respuesta sin elaborar del tipo "para que la gente pueda beber" o una técnica "para lograr un caudal punta de 28 l/s con una presión mínima de 1.5 kgf/cm$^2$" …

Esos 28 l/s pueden ser un objetivo muy noble, y, sin embargo, encharcar las zonas abastecidas que no pueden evacuar el agua traída con suficiente velocidad. El resultado es un empeoramiento de las condiciones de vida tan patente que hasta los niños se echen las manos a la cabeza pensando que es lo que ha pasado.

El día a día de la Cooperación hace que frecuentemente perdamos de vista este objetivo y acabemos haciendo proyectos para justificar actividad, cumplir fechas tope o para no perder subvenciones. Al igual que pueden mejorar las condiciones de vida de manera substancial, los proyectos de agua **pueden llegar a ser muy perjudiciales para las comunidades** que no deberían hacerse a la carrera ni a ojo de buen cubero ni técnicamente, ni socialmente. Presta especial atención al **potencial de conflicto entre comunidades** o grupos sociales por el acceso a la fuente de agua, el recorrido de las tuberías, discriminaciones patentes, etc.

## Las consecuencias de un acceso pobre al agua (y saneamiento)

La idea no es nueva. Ya en 1875 el alcalde de Birmingham Joseph Chamberlain aseguraba que la pérdida de jornales, salud y vidas le costaba a la ciudad £54.000 anuales.

Algunas organizaciones han intentado poner cifras a algo tan escurridizo como las consecuencias de la falta de acceso al agua y al saneamiento. Las cifras son muy discutibles, pero las tendencias están claras. Aquí se reproducen algunas de ellas:

- **SALUD** "Las enfermedades relacionadas con el agua son la causa del 80% de las muertes y de las enfermedades en el Tercer Mundo"[1].

- **ECONOMICA** "Los beneficios de los programas de agua y saneamiento devuelven entre 3 y 34 $ por cada dólar invertido"[2].

- **TEMPORAL** "El tiempo ahorrado en Tanzania supuso un incremento de la producción agrícola de un 10%"[3].

Esta última referencia, "*Everyone's a winner? Economic valuation of water projects*", de Wateraid, es muy interesante.

Uno de los impactos más importantes es sobre la salud de las personas. Tiene la peculiaridad de que es muy fácil medirlo, ya que la mayoría de centros sanitarios llevan estadísticas por básicas que sean. Algunas estadísticas para pensar:

- "La segunda causa de mortalidad infantil es la diarrea"[4].

---

[1] *Secretario General de Naciones Unidas Kofi Annan para el Dia del Medioambiente, 5 de Junio del 2003.*

[2] *Hutton G. & Haller L. The Costs and Benefits of Water and Sanitation Improvements at the Global Level (OMS 2004).*

[3] *WaterAid (2004) 'Everyone's a Winner? Economic valuation of water projects' WaterAid, Londres.*

[4] *Global burden of disease study 2020*

- Según la OMS, **el 80% de la enfermedad en el mundo se puede atribuir al mal acceso al agua y saneamiento**[1].

- Según la OMS, **ninguna otra medida tiene tanto impacto sobre el desarrollo nacional y la salud pública** como aquellas en materia de agua y saneamiento[2].

# Derecho humano al agua y saneamiento

El 28 de Julio de 2010 la Asamblea General de Naciones Unidas declaró que el acceso al agua y saneamiento es un derecho humano fundamental para la realización de todos los otros derechos humanos (resolución A/RES/64/292).

Es importante entender que este no es el típico primer párrafo de una introducción desganada de eventos y fechas. La declaración ha sido un avance prodigioso para la humanidad, y le ha dado un empujón importantísimo al sector; le ha dotado de una relevancia inimaginable en la agenda internacional, con muchos países incorporándolo en sus legislaciones nacionales. El acceso al agua y saneamiento es un derecho legal de las personas, no un servicio cualquiera que adquirir, si uno se lo puede permitir, en el mercado. ¡Y **nos ha convertido en profesionales que velamos por los derechos humanos**!

Para que ese derecho sea una realidad, debe cumplir una **serie de requisitos que cumplir que nos ayudan a diseñar las intervenciones**.

1. **Suficiente _y continua_**: WHO recomienda entre 50 y 100 litros diarios por persona.

2. **Segura**, no solo libre de microorganismos, agentes químicos, etc., sino también en su localización y acceso.

3. **Aceptable,** en términos de sabor, olor y color, pero también culturalmente y de una manera no discriminatoria.

4. **Asequible,** que no suponga más del 5% de los ingresos familiares.

5. **Accesible físicamente** para todos, incluidas aquellas personas con discapacidad. WHO establece en 1000 m la distancia máxima y en 30 minutos el tiempo de recogida.

---

[1] *"Battling Waterborne Ills in a Sea of 950 Million", The Washington Post, 17 de Febrero de 1997.*
[2] *OMS, factsheet 112 Agua y saneamiento.*

Con este último criterio es donde pienso humildemente que quizás nos ha faltado ambición. No es realista pensar que se recogen 50 litros por persona, mucho menos 100 litros, para una familia de 6 personas a 1 km de distancia, por no hablar de ancianos o personas con discapacidad.  La razón se discute más adelante y se explica en este video:

▶   https://youtu.be/Vq2c3P30FSA          (Base demand)

# Pensando "servicio", no infraestructura

El objetivo concreto de un proyecto de agua es la provisión de un servicio a través de unas infraestructuras. Frecuentemente, son las infraestructuras las que acaban acaparando toda la atención.

El desafío consiste en un cambio de mentalidad, en **pasar de construir una infraestructura a proveer un servicio**.  Si la cantidad de cloro, la distancia que deben andar o el excesivo consumo de jabón por la dureza del agua hacen que la población prefiera utilizar aguas estancadas para su consumo, el sistema ha fracasado en sus objetivos de mejora de la salud, independientemente de lo bien que funcione hidráulicamente.

De infraestructura...

... a servicio

# Participación de los usuarios

Si bien en países de renta alta esa participación no es común de momento, el nivel de servicios, el tejido social y legal, la existencia de mecanismos de queja, y la planificación detallada no la hacen tan determinante como en países de renta baja.

Los usuarios deben poder **participar en la evaluación, la planificación, el diseño, el monitoreo y el mantenimiento de los sistemas**. Esa participación es fundamental para evitar conflictos, garantizar la inclusión de todos los colectivos, adecuar las infraestructuras a la cultura y costumbres locales, abordar las preocupaciones de los usuarios, desarrollar un sentido de propiedad y crear actitudes de mantenimiento adecuadas. Un porcentaje significativo de los sistemas sufre sabotajes, vandalismo y robos. El proceso de diseño implica muchas veces negociación y resolución de conflictos, y la creación de **mecanismos para recoger las quejas y objeciones de los usuarios.**

En las redes de agua lo sencillo es el diseño y cálculo, ¡es la parte social la que tiene toda la complejidad y la incertidumbre! Ojalá hubiera un manual que estructurara la parte social como este hace con la técnica. A falta de ese manual, la participación de los usuarios es la mejor apuesta para que el sistema sea viable.

# ¡Enseña tus números!

Evita también lo contrario, que lo social sea lo único que cuenta y que no participen técnicos capaces Si lo fácil es el cálculo, es imperdonable que se pierdan los beneficios de una red de agua que se ha trabajado socialmente de manera impecable porque simplemente… no funciona. Los fondos, la reputación, la ilusión, el impacto social y la confianza que se echan a perder todos los años simplemente por esto:

Si eres un técnico, ¡muestra tus números!
Si eres un gestor, ¡subcontrata y muestra los cálculos!
Si eres un supervisor, ¡que te enseñen los cálculos!
Si eres un donante, ¡pide los cálculos!

¡Aunque no entiendas absolutamente nada y solo se archiven! **Es fundamental crear una cultura en la que los cálculos se hacen, se exigen y se enseñan. Crear la presión para que existan realmente.** Los donantes podrían tener un papel trascendental aquí si tomaran conciencia del desperdicio de recursos que suponen las intervenciones a ojo.

En el ciclo de proyecto de cooperación, los donantes en las convocatorias no piden documentos con cálculos, muy pocas ONGs tienen un departamento de agua, los profesionales que se contratan no suelen tener habilidades de cálculo porque son gestores generalistas con otras capacidades y localmente esas habilidades frecuentemente tampoco están disponibles porque las personas que las tienen prefieren trabajar en otras cosas que paguen mejor. Al final se quedan sin hacer en muchos casos, o la calidad y el nivel de detalle no los hacen muy útiles.

Si comparas un documento de proyecto en el contexto de la cooperación, con uno en un país rico la diferencia es patente. Que no haya cálculos es simplemente inaceptable.

# CAPÍTULO 3

# Empezando con EPANET

## EPANET como herramienta de empoderamiento

Un modelo es una construcción que permite reproducir el comportamiento de una red para poder realizar pruebas y anticipar soluciones. En el caso del programa EPANET, esta construcción no es una maqueta sino una representación matemática de las relaciones entre los componentes. Su utilidad práctica reside en que permite hacer pruebas de "qué es lo que pasaría si..." sin grandes inversiones de tiempo y dinero.

Otras ventajas importantes son:

- Libran a los usuarios de ser rehenes de nuestras pruebas.
- Evitan conflictos sociales y con las autoridades.
- Mejoran la solidez de la red al evitar instalaciones y desinstalaciones interminables.

¿Entonces por qué se construyen tan pocos modelos de las redes? La complejidad de los cálculos necesarios es abrumadora. Afortunadamente, se puede salvar muy fácilmente aprendiendo a usar el programa que realiza todos los cálculos liberándote para que puedas concentrarte en la toma de decisiones. Más adelante se explicará el porqué de usar EPANET en concreto como programa de cálculo.

Una de las grandes aportaciones de EPANET a la Cooperación es que **personas sin grandes conocimientos de mecánica de fluidos puedan tomar decisiones sobre las redes de las que son responsables.** Así puesto no parece muy alentador, y hasta indeseable, sin embargo, tanto localmente como entre los cooperantes, es muy difícil encontrar personas con capacidad de cálculo de redes real. Las redes acaban siendo asumidas por licenciados en cosas que no tienen mucho que ver y localmente por personas que no han tenido nunca el acceso a una formación técnica sólida. Frecuentemente las personas que tendrían esas capacidades localmente, no sienten la motivación de vivir en lugares remotos; priorizan la educación de sus hijos, trabajos más desafiantes, mejores condiciones de vida… En cualquier caso, no están disponibles en número suficiente.

El resultado es que se acometen intervenciones sin base, sin cálculos y con criterios muy dudosos. Los resultados acaban siendo bastante malos. En el caso de redes ya construidas en poblaciones con pocos recursos empieza el canibalismo. Partes de la red se desinstalan para instalarse en otras partes siguiendo corazonadas e inspiraciones con muy poca base.

En mi opinión, aquí debe primar un enfoque más pragmático. La persistencia en suponer que agencias de desarrollo tienen capacidad de cálculo, y sucesivamente de estas pensando que localmente existe esta capacidad, acaba con resultados muy pobres… ¿no será más adecuado proporcionar herramientas a estas personas que finalmente se ocupan de las redes en lugar de insistir en huir hacia adelante?

El objetivo primordial de este manual es facilitar este empoderamiento. La primera edición también la usaron muchos estudiantes de ingeniería de todo el mundo. Si eres uno de ellos, bienvenido a bordo, espero que también te sea útil.

## Presentando EPANET

EPANET es un programa sencillo de cálculo de redes con un interfaz muy visual y un funcionamiento intuitivo que difunde la Agencia Norteamericana de Medioambiente, la EPA. Se puede descargar gratuitamente de su página en inglés o en la web de Aguas de Valencia en castellano. Como ves en la imagen de la siguiente página, no tiene una pinta demasiado intimidante.

De hecho, es muy sencillo de utilizar y eso ha contribuido a su gran popularidad. La experiencia me dice que las personas sin conocimientos de EPANET logran desenvolverse con los aspectos básicos en unas 8 horas y empiezan a ser funcionales en unas 30.

EPANET está actualmente en la versión 2.2, con una versión 3.0 en desarrollo desde hace algún tiempo. El desarrollo del programa, que se estancó en la versión 2.00.12, ha pasado a código abierto y está a cargo de algunos voluntarios. Los cambios afectan sobre todo al motor de cálculo y no a las funcionalidades del sistema (como implementar por fin un botón para deshacer o integración con otros programas como AUTOCAD que se hacen con aplicaciones de terceros).

En cierto modo, desde el punto de vista del usuario, Epanet está congelado en el tiempo. Su desarrollo se frenó en los tribunales por las propias compañías que usan su motor de cálculo, aduciendo competencia desleal de un ente público. Eso te puede dar la impresión de que está desfasado y su uso es más académico que otra cosa. Nada más lejos de la realidad. Epanet es el estándar de facto del sector, usado en los programas de cálculo de terceros y para diseñar inversiones de miles de millones de dólares en infraestructura para el abastecimiento de agua[1].

EPANET ha sido traducido al inglés, español, francés, portugués, ruso y coreano. La mayoría de estas versiones son anteriores a la 2.2 pero usarlas no supone ningún problema. Yo mismo las he usado en los últimos 20 años para diseñar sistemas para millones de personas.

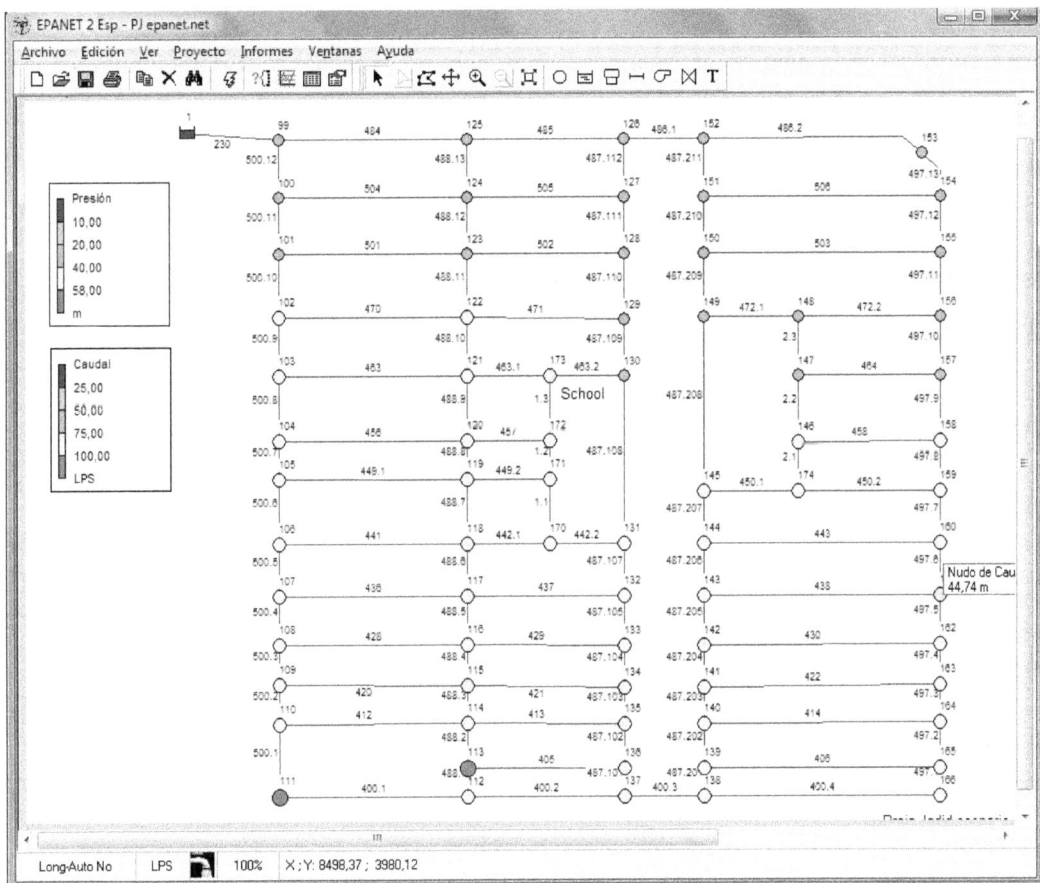

---

[1] https://cfpub.epa.gov/si/si_public_file_download.cfm?p_download_id=537195&Lab=NRMRLn

Formación y consultoría para la Cooperación al Desarrollo

# Algunas informaciones prácticas

## Descarga del programa y su manual

Inglés. Versiones actualizadas:
www.epa.gov/water-research/epanet

Español v2.00.12:
www.iiama.upv.es/iiama/es/transferencia/software/epanet-esp

Frances v2.00.10
https://www.researchgate.net/publication/330525216_EPANET_20_en_Francaise_MA
NUEL_DE_L'UTILISATEUR_Version_20010

La descarga del programa en sí, esta algo escondida en el recuadro "Supplementary resource"

Portugués v2.00.12:
www.dec.uc.pt/~WaterNetGen/epanet_por.php?DownLoadEpanetPor=Nothing

Ruso v2.00.12:
www.epanet.com.ua/download

## Canal de YouTube

tiny.cc/arnalich

En mi canal hay videos sobre diseño, sobre como modelar sondeos, manantiales y tanques de ruptura de presión con EPANET o sobre el uso práctico de una pendiente hidráulica de 5 m/km para optimizar redes en las que no sabes ni por dónde empezar.

Aunque la mayoría de los videos están en inglés, puedes activar la traducción de subtítulos en las opciones eligiendo *Auto-translate*

## Ejercicios

A día de la escritura, el único manual de ejercicios disponible es "***EPANET y Cooperación. 44 Ejercicios Progresivos comentados paso a paso***" del mismo autor y disponible en www.arnalich.com/es/libros.html.

## Complementos

Epanet tiene numerosos complementos y herramientas desarrolladas por terceros, por ejemplo, varias para su poder trabajar con AutoCAD o en SIG, o las desarrolladas por Oscar Vegas Niño. Búscalas en internet.

## Si no ves los ficheros de ayuda

Algunas versiones de Windows, desde Vista hasta las primeras de Windows 10, no consiguen leer los ficheros de ayuda y el tutorial, que son francamente útiles. Si estás en ese caso, busca en internet una solución actualizada. Por ejemplo:

www.water-simulation.com/wsp/2015/10/01/how-to-open-epanets-help-file-in-windows-10/

# Qué puede y qué no puede hacer EPANET

¡Buenas noticias! … Puede hacer la mayor parte de los cálculos que vayas a necesitar para tu proyecto, y los que no puede hacer, son relativamente fáciles de hacer a mano. Lo utilizarás principalmente para:

- Determinar qué tuberías y de qué diámetro instalar.
- Determinar las mejoras y/o ampliaciones que necesita una red.
- Determinar dónde instalar los depósitos, válvulas y bombas.
- Ver el comportamiento de cloro y la necesidad de establecer puntos de cloración secundarios.

Aunque también hace estas cosas, en mi opinión se hacen más fácilmente a mano y con menos propensión al error:

- Dimensionado de depósitos.
- Cálculo del consumo energético.
- Selección de bombas, con la excepción de sistemas de bombeo complicados.

Las prestaciones en detalle están descritas en el manual del programa.

### Qué NO puede hacer EPANET

Aquí se hace necesaria una minúscula introducción. Los modelos que se crean se clasifican en dos tipos: inerciales o no inerciales. Los no inerciales asumen condiciones de cuasi-equilibrio, en términos llanos, que no hay cambios bruscos en la red. Esto es cierto en gran medida, ya que muchos kilómetros de tubería tienen mucha resistencia al cambio y los usuarios no se comportan como un banco de sardinas, abriendo o cerrando sus grifos todos al unísono. Sin embargo, deja sin considerar algunos fenómenos reales y rápidos como un reventón en una tubería, el golpe de ariete causado por una masa de agua de muchas toneladas que debe detenerse en pocos segundos al cerrar una válvula, el cierre repentino de una válvula de no retorno, el inicio o la parada de una bomba, etc.

Todos estos fenómenos son muy rápidos y EPANET no tiene capacidad para calcularlos porque asume condiciones de cuasi-equilibrio. Volvemos a ver qué es lo que NO hace:

1. No calcula golpes de ariete.
2. No permite simular reventones, solo simular caudales de fuga.
3. Las válvulas de no retorno están modeladas de manera simplificada.
4. No evalúa las consecuencias de la presencia de aire en la red.

En resumen, **no permite modelar fenómenos repentinos.**

## Los objetos en EPANET

EPANET reconoce 6 tipos fundamentales de objetos que intervienen en una red. Con estos objetos se dibuja y se hace funcionar la red. Es vital conocerlos. Son los siguientes:

○　El **nudo**. El nudo es un punto con una cota determinada por donde sale el agua de la red. Esta salida se hace asignándole una demanda o consumo. Al asignar una demanda negativa, se convierte en un punto de entrada. De hecho, se puede representar un manantial o un sondeo como un nudo en el que la cota es la representa del agua en el interior. En los nudos es conocida la demanda y desconocida la presión.

▭　El **embalse**. El embalse actúa de sumidero o de fuente de agua, pero en cualquier caso es buena idea que haya uno en EPANET para que no haya mensajes de error. Su volumen no varía por las entradas o salidas de agua, es decir, su tamaño es muy grande en comparación con el sistema. Para hacernos una idea, serían ríos, lagos, acuíferos subterráneos… Se caracterizan mediante una altura total.

El **depósito** es un nudo con capacidad limitada de almacenar agua. Sin mucha ciencia un depósito es el depósito que a todos se nos viene a la mente al oír la palabra.

La **tubería** es la que transporta el agua de una parte a otra del sistema. EPANET asume que siempre están llenas. Además, usando sus propiedades se pueden abrir o cerrar o limitar el flujo a una sola dirección sin necesidad de añadir válvulas.

La **bomba**. Si a algo hay que temer en EPANET, es a las bombas. Es sabio evitarlas siempre que se pueda (en ciertos proyectos gravitatorios), porque son una fuente de dolores de cabeza inesperados que acaba poniendo a prueba los nervios. Las bombas le comunican energía al agua, en otras palabras, la impulsan.

Las **válvulas**. Las válvulas entendidas como EPANET las entiende, son probablemente elementos a evitar en Cooperación, por su precio y por la dificultad de reemplazarlas. Ya hemos dicho que estas no incluyen a las válvulas antiretorno ni las de apertura y cierre. Estas se incluyen en el modelo como una propiedad de la tubería sobre la que irían instaladas. Hay varios tipos:

- Válvula reductora. Disminuye la presión aguas abajo.
- V. sostenedora. Mantiene la presión aguas arriba.
- V. de ruptura. Fuerza una caída determinada de presión.
- V. de limitadora de caudal.
- V. de propósito general o genérica cuyo comportamiento programa el usuario.

## Evitando perder el tiempo con EPANET

Se usa EPANET para ahorrar tiempo y esfuerzo.

1. **No dibujes redes con precisión innecesaria**. Si estás trabajando con el modo longitud automática apagado, lo que estas dibujando es un croquis de la red al que introduces las longitudes por separado. A efectos prácticos a EPANET le da igual lo meticuloso que hayas sido dibujando. Estas dos redes las calcula igual si tienen la misma longitud en cada tubería:

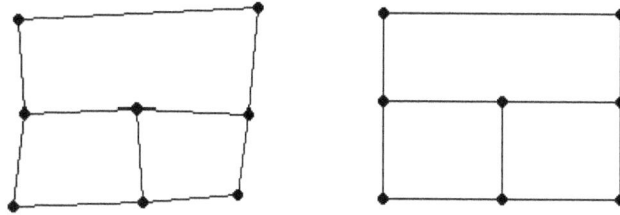

2. **Evita etiquetar las tuberías y nudos** con un nombre lógico. EPANET asigna durante el proceso de dibujo un número: la tubería 1, el nudo 63 y así sucesivamente. Insistir que estos números atiendan a una determinada lógica es muy mala idea. Durante el proceso de diseño vas a borrar y crear muchas tuberías y actualizar los datos es una tarea hercúlea. Con el modelo ya terminado, puedes usar la herramienta Rename-IDs de Oscar Vegas Niño para renombrarlas como quieras.

3. En sistemas o modelos existentes, **no hagas cambios sin anotarlos**. ¡Enhorabuena! Has conseguido un diseño optimizado, con un presupuesto ajustado, perooo… de las 267 tuberías que hay y los 198 nudos, ¡¿cuáles cambiaste?! Anota cada cambio que haces de una manera parecida a esta:

> *Tubería 58, aumentada de 75 a 125mm*
> *Tubería 63 nueva…*

Por ejemplo:

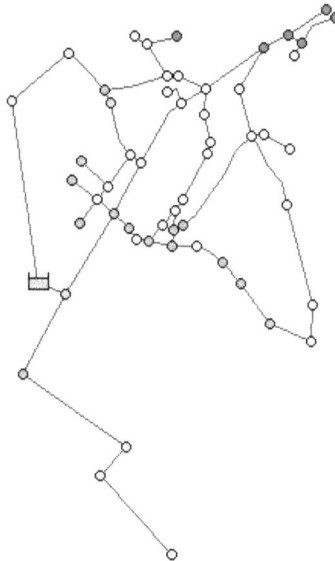

MODIFICACIONES:
Tuberia 37 y 38 nuevas
Nodo 7 nuevo
Tuberia 27 150 -> 200
Tuberias 11 y 10 -> 200
Ramal sureste
De pozo 2 (55) a nodo 27 ->150
Cierre de anillos, tub 58-61

Tuberia 62 nueva

Multiple step en demanda maxima

0.26 l/s medio por nodo.

10000 personas a 60 lpd, 115 lpd pico
Ultima actualizacion:
1/05/07

4. **Protege el modelo base**. Una vez hayas introducido todos los datos topográficos, las bombas, etc., guárdalo como escenario base y trabaja sobre una copia. Sobre todo, para redes que ya existen, después de trabajar un modelo durante varias horas sin mucho resultado, ya no se sabe qué es original y qué ha sido cambiado. Aun sabiéndolo, hay que trabajar para devolver el modelo a su estado original.

5. **Usa opciones por defecto** para las longitudes, diámetros, demandas, etc., que más abunden a priori en tu sistema. Más adelante verás cómo.

6. **Guarda versiones del archivo según completes hitos**. EPANET no permite deshacer automáticamente cambios y volver a un punto después de intentar modelar en un callejón sin salida puede ahorrar mucho tiempo. Guardar redes de la forma "Red v 1,2 estable.net", "Red v 1.3 estación de bombeo.net", etc., permite volver a un punto previo rápidamente.

7. *Keep it simple*. Un modelo es un modelo, no la realidad ni los planos de construcción. Se trata entonces de usar el modelo más simple posible que represente adecuadamente lo que va a pasar. Intentar representar absolutamente todo en EPANET es una de las mejores formas de desesperarse. Muchas veces no es necesario representar las redes completas, se pueden sustituir bombas por depósitos, etc.

Si te ves lleno de energía en el comienzo de tu proyecto y con un deseo irresistible de ser meticuloso al extremo y obviar algunas de estas recomendaciones, léete la sección Superando el Síndrome de Pereza Post-ensamblaje del Capítulo 6, por si creyeras prudente economizar energías y entusiasmo para más adelante.


## Evitando malentendidos con las unidades

El 23 de septiembre de 1999, el Mars Climate Orbiter se estrelló en la superficie de Marte porque los ordenadores de tierra y de la sonda trabajaban en unidades distintas. Como esto ocurre en las mejores familias, **asegúrate que EPANET, tu equipo, los proveedores y los contratistas están trabajando con las mismas unidades.**

Lo primero que hay que hacer es configurar EPANET para trabajar en las unidades adecuadas.
Para ello, pincha en Proyecto y en el menú que se despliega selecciona Valores por defecto. En el resto del manual estas instrucciones se dan mediante rutas. La ruta de esta acción sería: *>Proyecto/Valores por Defecto*.

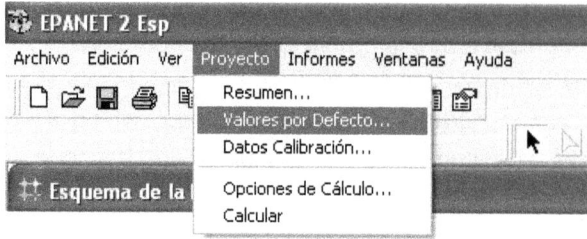

En el menú que aparece pulsa la pestaña *Opc. Hidráulicas* y asegúrate que pone *LPS*. Elegir esta opción implica que se utilizan las siguientes unidades:

- Caudal: litros/segundo
- Presión: mca[1]
- Diámetros: milímetros
- Longitudes: metros
- Cotas: metros
- Dimensiones: metros

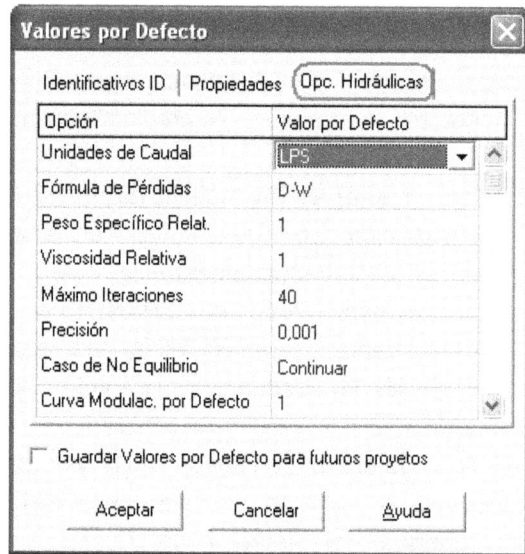

---

[1] Metros de columna de agua, la manera más cómoda de expresar la presión, teniendo en cuenta que 10 m de columna de agua es un bar, otra unidad de presión frecuentemente usada.

# Herramientas básicas

El objeto de este apartado es destacar algunas herramientas importantes y la forma de sacarle partido.

➢ **Editar por regiones**. Si de repente tienes que cambiar la rugosidad de las tuberías de 140 a 120, no es necesario que vayas tubería por tubería:

1. Sigue la ruta >*Edición/Editar Región*. Observarás que el cursor cambia a una cruz.

2. Envuelve los objetos que quieras cambiar pinchando puntos sucesivos que serán los vértices del área de selección. La manera de cerrar el polígono de selección es pulsar el botón derecho del ratón y la de empezar de nuevo es pulsar Esc.

3. Una vez cerrado, pulsa >*Edición/Editar Grupo* y observa el menú que sale. Ahora sólo tienes que construir una frase del tipo "Para todas las tuberías con rugosidad igual a 140, sustituir rugosidad por 120" rellenando y marcando opciones en el cuadro que se abre:

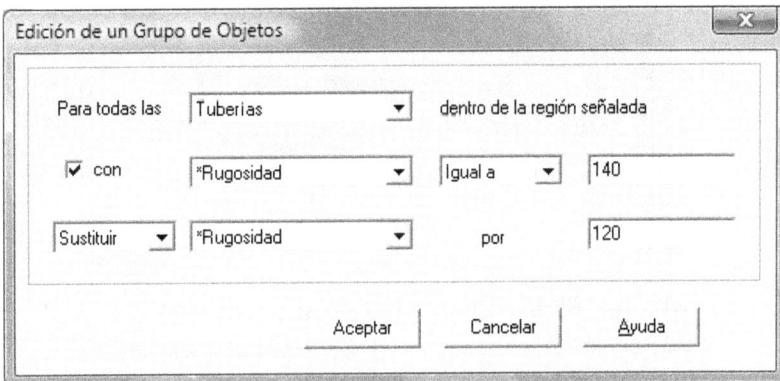

➢ **Hacer coincidente la escala de leyendas con los criterios de diseño**. Si has decidido que la presión debe estar entre 1 y 3 bares (10 a 30 metros), puedes modificar la leyenda de tal manera que el primer color te muestra presiones negativas, el segundo tu límite mínimo, el tercero un valor intermedio y el cuarto la máxima para poder detectar valores fuera de rango de un vistazo.

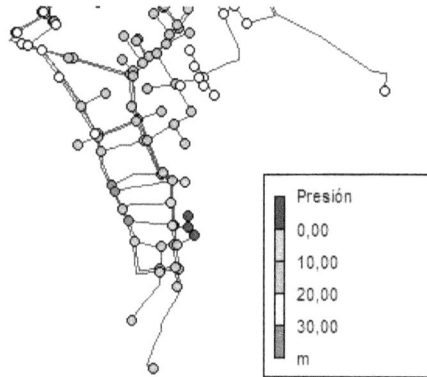

El procedimiento es:

1. Pincha con el botón derecho sobre la leyenda. Si lo haces con el derecho desaparece de la vista. La forma de volver a encontrarla es >*Ver/Leyendas/Nudo* (o tubería según el parámetro de que se trate).

2. Mete los valores de tu elección en los recuadros y acepta.

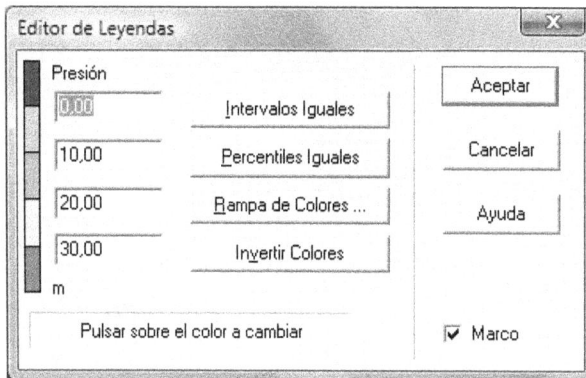

➢ **Acude a la ayuda**. La ayuda de EPANET es sorprendentemente buena y contiene mucha información útil rápidamente accesible y directa al grano. A continuación, se muestra un ejemplo de la ayuda de EPANET para establecer curvas características de una bomba:

### Ayuda en Línea de EPANET 2.0

Archivo   Edición   Marcador   Opciones   Ayuda

| Contenido | Índice | Atrás | Imprimir | << | >> | Acerca de |

## Curva Característica de una Bomba

La **Curva Característica** de una Bomba representa la relación entre la altura comunicada al fluido y el caudal de paso, a su velocidad nominal de giro.

▸ La altura es la energía comunicada al fluido por unidad de peso, o bien, la diferencia de presiones entre la salida y la entrada de la bomba, y se representa sobre el eje vertical Y, en metros (pies).

▸ El caudal se representa sobre el eje horizontal X, en las unidades de caudal elegidas.

▸ Para que la curva característica de una bomba sea válida, la altura debe disminuir al aumentar el caudal.

▸ EPANET ajustará diferentes tipos de curvas, en función del número de puntos suministrado:

Curva de un solo Punto

Curva de Tres Puntos

Curva MultiPunto

*Curva de Tres Puntos*

Cuando la curva de una bomba se define mediante tres puntos, éstos se interpretan como:

- un punto de funcionamiento a Caudal Bajo (altura a caudal nulo o a caudal mínimo)
- un punto de funcionamiento al Caudal de Diseño (caudal y altura nominales de la bomba)
- y un punto de funcionamiento a Caudal Máximo (caudal y altura a caudal máximo).

EPANET intenta ajustar una curva del tipo:

$$h_G = A - Bq^C$$

que pase por los tres puntos especificados, donde $h_G$ es el incremento de altura, $q$ el caudal de paso, y $A, B$ y $C$ constantes de la curva de ajuste.

# CAPÍTULO 4

# Ensamblando el modelo

## Introducción

En este capítulo se construye el modelo. Se empieza dibujando y luego se van añadiendo datos. La determinación y asignación de la demanda se ve en el siguiente capítulo, cargando el modelo.

Antes de empezar, toma 30 minutos para realizar el tutorial "Guía rápida" que viene con el programa para localizarte en el programa. La idea es que adquieras las habilidades básicas para seguir el resto del manual. La ruta es >*Ayuda/Guía Rápida*

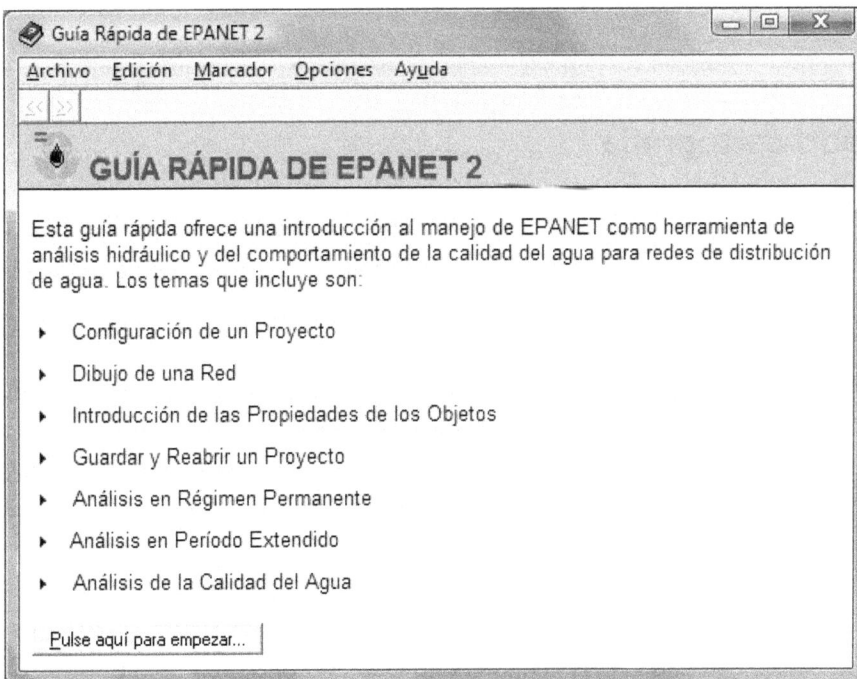

Por último, **asegúrate que has configurado los valores por defecto de EPANET y las unidades** según lo visto en el capítulo anterior.

## Llevando las unidades

Para trabajar con EPANET tendrás que hacer algunos cálculos muy sencillos a mano. Aunque sean sencillos, muchos de ellos son tan propensos a tener errores y tan traicioneros de pensar como las dobles negaciones o los días que hay entre 2 fechas.

Si tienes la disciplina de llevar las unidades descubrirás muchos de estos errores antes de que afecten a tu estabilidad emocional. Las unidades hacen de canario en la mina. Mira, por ejemplo, estos dos cálculos de la misma conversión de unidades:

$$14m^3/h = 14\frac{m^3}{h} * \frac{1m^3}{1000l} * \frac{3600s}{1h} = 50.4\frac{m^3 * m^3 * l}{h * h * s} = 50.4 lm^6/h^2 s$$

¡¿l*m$^6$/ h$^2$*s?!   Si como yo no conoces esta unidad de caudal, algo fue mal.

$$14m^3/h = 14\frac{m^3}{h} * \frac{1000l}{1m^3} * \frac{1h}{3600s} = 3.88\frac{m^3 * l * h}{h * m^3 * s} = 3.88 l/s$$

## Añadiendo cartografía

Hay dos formas de trabajar en EPANET. En la primera se dibuja un croquis de la red y se introducen los datos. Esto requiere un levantamiento topográfico que determine las distancias y las alturas. La palabra es laborioso.

La segunda manera, protagonista de esta sección, es más cómoda y menos propensa al error. Consiste en cargar un plano, o una imagen satélite o aérea de fondo. Esa imagen se calibra introduciendo las dimensiones horizontales y verticales reales, para que EPANET pueda establecer una relación entre pixeles y distancias reales, por ejemplo, 500 px/km. Con esa relación, EPANET puede determinar aproximadamente la longitud real de cualquier tubería que se dibuje.

Lo mas probable es que saques las imágenes de Google Earth, pero empezamos con los mapas impresos para hacer la explicación sobre las coordenadas más visual.

## Averiguando las dimensiones de mapas

Los planos suelen tener esta distancia ya medida en forma de coordenadas.

**a)** Si el mapa es reciente usará UTM y en sus márgenes podrás leer cifras:

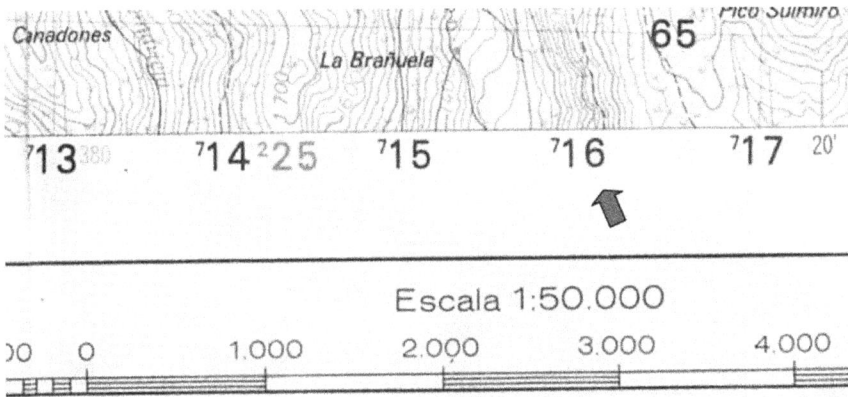

En este caso, como viene la escala es muy fácil deducir las dimensiones. Si no fuera el caso, fíjate en los números $^7$13, $^7$14, etc. Estos representan la coordenada UTM horizontal de manera que en un GPS $^7$13 aparecería tal que:

$$32S\ \mathbf{713}000\ 8033400$$

El primer grupo, 32S, lo puedes ignorar. El segundo grupo es la coordenada horizontal medida en metros desde un punto, y la segunda es la vertical. Para saber la distancia entre el punto $^7$13 y el $^7$14, puedes restar argumentando de la siguiente manera: El punto $^7$13 está a 713.000 metros del punto de referencia (que no nos interesa) y el $^7$14 está a 714.000 metros. Luego la distancia entre ellos es 714.000-713.000 = 1000 m.

Veamos un ejemplo. A continuación, se ha recuadrado una zona de un mapa donde iría el proyecto y queremos averiguar las dimensiones de esa imagen:

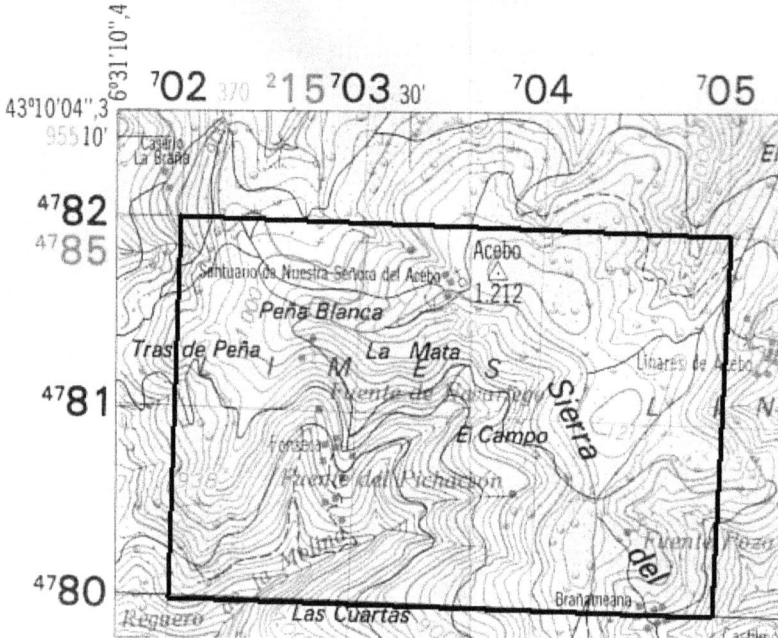

Dimensión horizontal 705.000 -702.000 = 3000 metros
Dimensión vertical 4.782.000- 4.780.000 = 2000 metros

Una limitación grande de EPANET es que solo acepta las dimensiones de los extremos de la imagen por lo que normalmente tendrás que recortarla de tal manera que sea exclusivamente lo que aparece dentro del rectángulo negro.

**b)** Si el mapa esta en grados de longitud latitud, puedes usar un convertidor de coordenadas que encuentres en Internet, y proceder de la misma manera.

## Averiguando las dimensiones de imágenes y mapas sin referencias

Necesitas un GPS y coordenadas UTM. No utilices latitud y longitud, sólo tienen sentido para zonas abiertas, es decir, navegación marítima y aérea. Tus coordenadas UTM serán parecidas a esto 32S 486000 8033400. Ya hemos dicho que la primera coordenada, 486000, es la horizontal en metros y la segunda, 8033400, la vertical también en metros y el grupo 32S no tiene importancia a este nivel.

Si la imagen de abajo fuera la imagen que quieres calibrar, busca dos puntos fácilmente localizables tanto en la realidad como en el mapa. Debes elegirlos de tal manera que encierren el área de la imagen donde irá la red, uno siendo la esquina inferior izquierda y la otra la superior derecha. En el ejemplo se ha elegido la mezquita y una gasolinera.

Una vez elegidos, debes ir a los dos puntos y tomar las coordenadas UTM. La resta de las coordenadas es la dimensión de tu futura imagen:

| | | | |
|---|---|---|---|
| Gasolinera (Superior derecha) | 32 S | 486000 | 8033400 |
| Mezquita (Inferior izquierda) | 32 S | 484000 | 8032000 |
| | | --------------------------------- | |
| | | 2000 | 1400 metros |

Digo futura para recordarte que en EPANET los puntos deben ser las esquinas. Tendrás que recortar la imagen para que sean de verdad las esquinas:

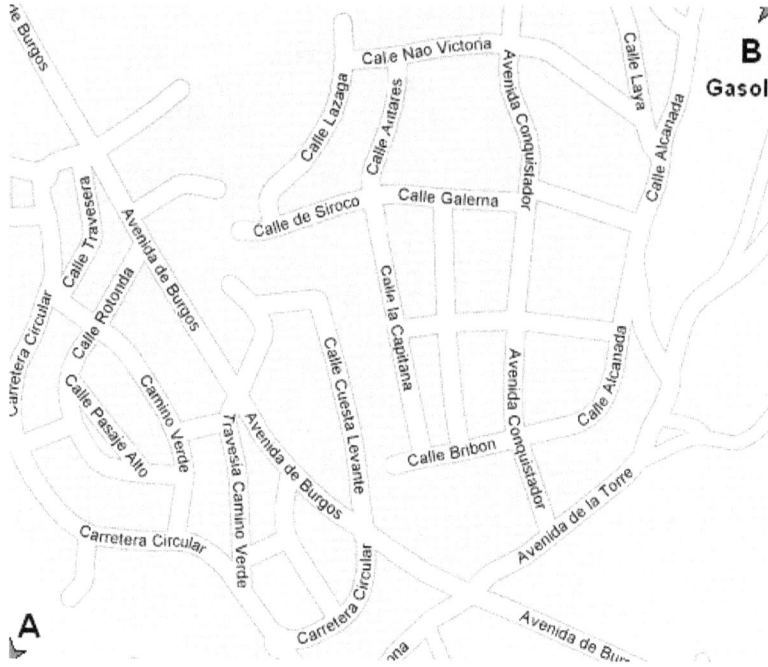

Para incorporarla a EPANET haz >*Ver/Mapa de fondo/cargar*, y navega hasta tu imagen. Algunas versiones de EPANET trabajan con un formato .bmp. tendrás probablemente que cambiarla a bmp con la opción Guardar como de casi cualquier programa de imágenes, incluido Paint.  Una vez la tienes de fondo, es el momento de darle las dimensiones. Pincha >*Ver/Dimensiones* y rellenarías el diálogo de dimensiones de esta forma:

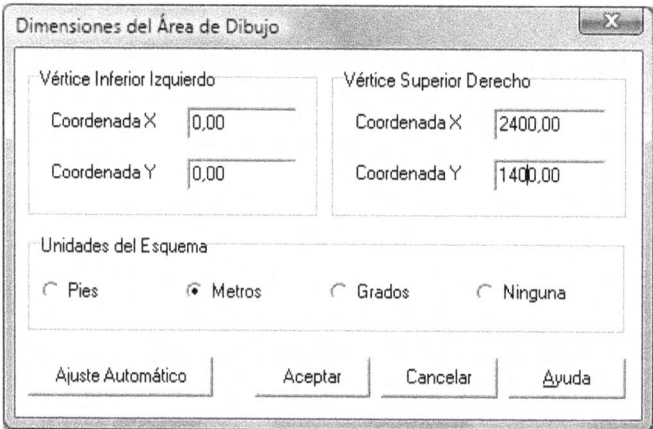

Observarás que empiezan a aparecer coordenadas al mover el cursor en el ángulo inferior izquierdo del programa.

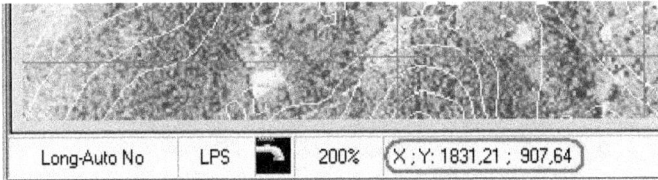

Aprovecha para comprobar que lo has hecho bien situando el cursor en el ángulo superior derecho. Con un error de algunos metros, coincidirá con la dimensión de tu imagen.

## Usando imágenes de Google Earth

Desde Google Earth puedes guardar una imagen de lo que ves en pantalla siguiendo la ruta >*Archivo/Guardar/Guardar imagen*:

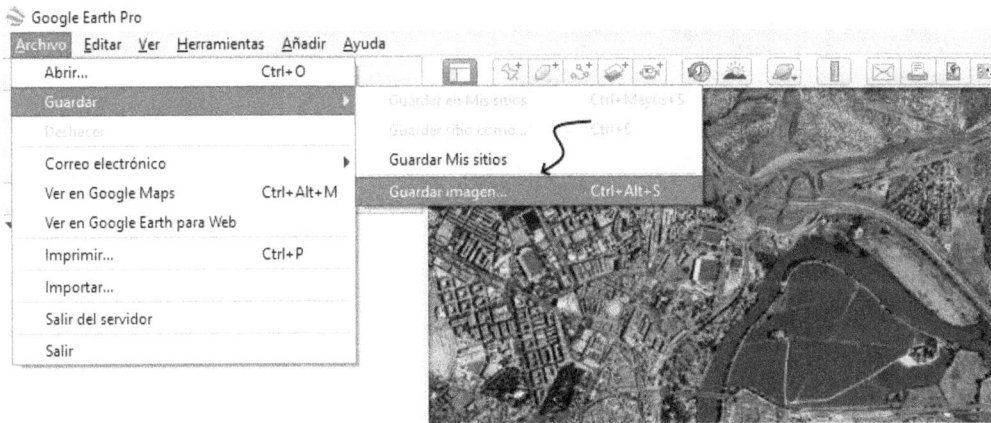

Para poder averiguar las dimensiones de la imagen:

1. Configura Google Earth para que use UTM yendo a *Herramientas/Opciones/Vista 3D* y marcando la opción *Universal Trasversal de Mercator*.

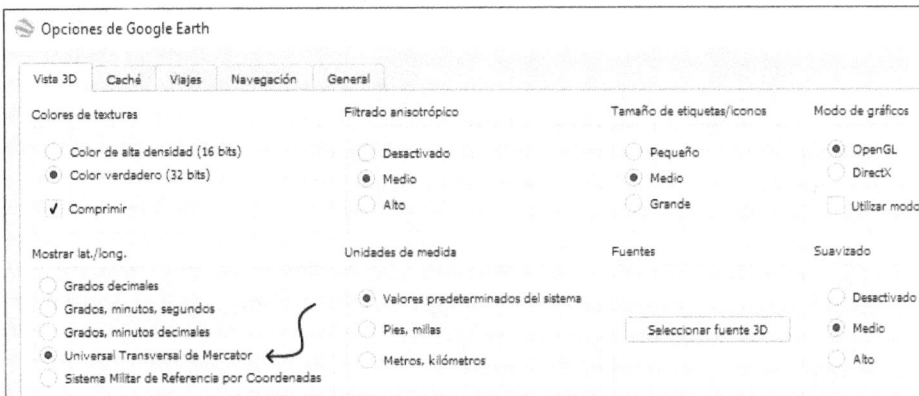

2. Añade una chincheta para en las esquinas inferior izquierda y superior derecha como se hacía en el apartado anterior. Con eso consigues marcar los puntos por los que debes cortar la imagen, la punta de la chincheta, y obtener las coordenadas a la vez.

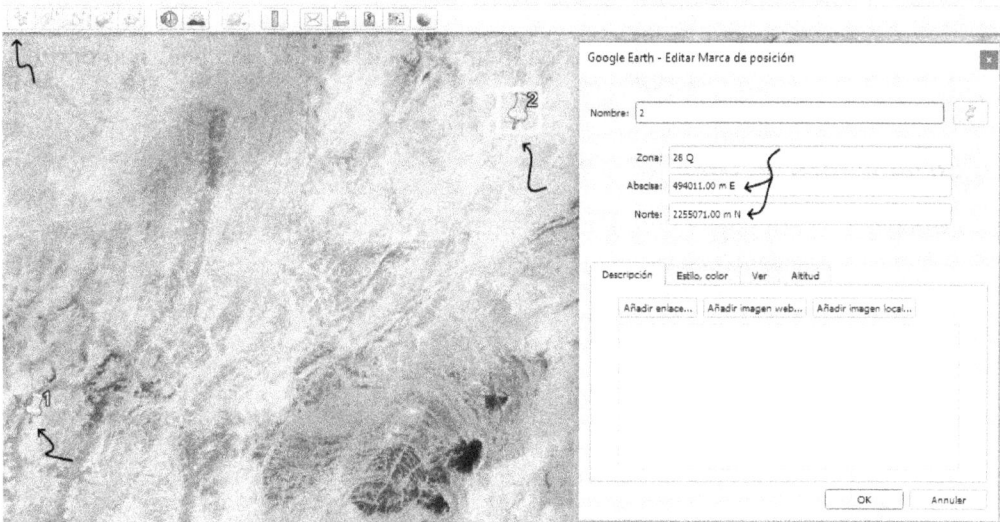

3. El resto del proceso ya lo hemos visto en el apartado anterior.

## Algunas cuestiones prácticas

a) Ya estás con la imagen referenciada, empiezas a dibujar la red y... ¡Ups! ¡No se ve casi nada! Ocurre sobre todo en vegetación. En *Visor/Esquemas* selecciona para que se muestren *Calidad inicial* y *Coeficiente de pared,* por ejemplo, y modifica la escala si es necesario para que lo que dibujes se vea en rojo u otro color de alto contraste.

b) Si tu versión requiere que uses el formato .bmp, las imágenes tendrán un tamaño importante. Usa el tamaño de imágenes que te permita tu paciencia sabiendo que, a mayor tamaño, más lentas son todas las operaciones. Personalmente creo que imágenes de 2 ó 3 Mb (o incluso10 Mb según el área a cubrir), son un buen compromiso entre detalle y agilidad.

c) Para utilizar este procedimiento sin problemas, utiliza imágenes sin deformación en las que la escala vertical y la horizontal son la misma.

# Dibujando la red

## Con cartografía calibrada

Si ya tienes cartografía calibrada, asegúrate que tienes el modo longitud automática encendido cada vez que dibujes. Tiene una insistente tendencia a desactivarse.

Para activarlo o desactivarlo, pincha con el botón derecho en:

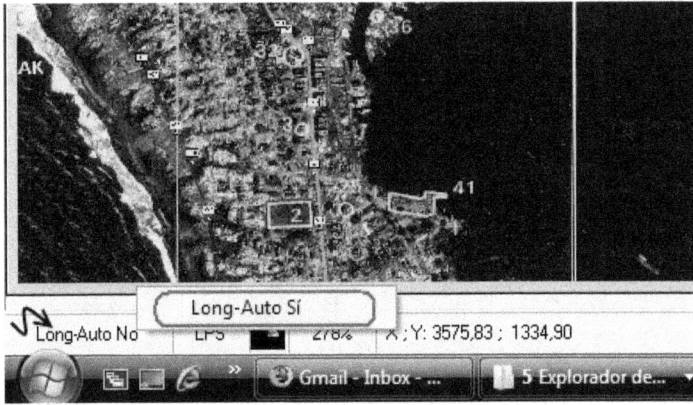

Aun así, en algún momento habrás dibujado sin el modo activado. Para detectar qué tuberías has añadido sin longitud automática, debes hacer una búsqueda con el valor de longitud de tubería que tengas por defecto, normalmente 1000 m. Este valor lo encuentras en >*Proyecto/Valores por defecto*, en la pestaña de *Propiedades*. A continuación, tienes que realizar una búsqueda pinchando el icono:

Una vez rellenados los campos *Líneas con*, *Longitud*, *Igual a* y el valor, pulsa enviar. Los objetos que cumplan las condiciones aparecerán en rojo como se muestra en la imagen:

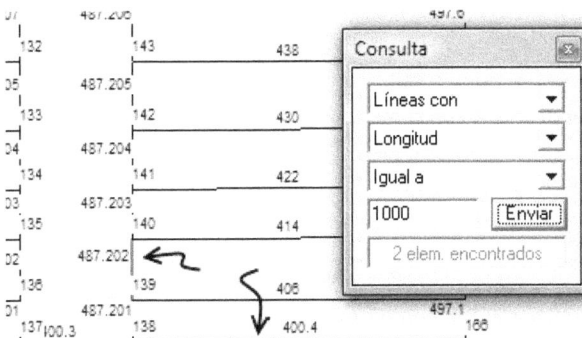

Las flechas rojas se han añadido para facilitar la visualización, pero no serán mostradas en EPANET. Como es francamente difícil que la tubería que dibujes con el modo Long. Automática mida exactamente 1000 m, puedes concluir que esas tuberías no han recibido el valor real y están heredando el valor por defecto.

Una cosa importante es que EPANET no tiene en cuenta la altura de los puntos a la hora de calcular las distancias, es decir, supone que son planas. En la imagen más abajo, calcularía la longitud de las tuberías A, B y C como 500 m, a pesar de que haría falta más tubería para unir el nudo a 100 metros de altura que aquel en la horizontal. A efectos de cálculo, no va a cambiar mucho, pero si usas EPANET para determinar cuántos kilómetros de tubería necesitas (capítulo 8) **acuérdate de pedir alrededor de un 5-10% más**. Así no te encuentras en la situación en que te faltan 25 metros de tubería y la puesta en servicio tiene que esperar 6 meses hasta que vuelva a llegar el material.

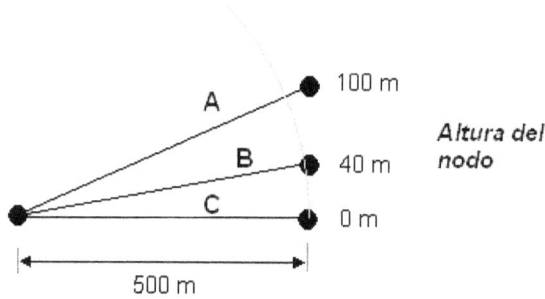

## Con levantamiento topográfico

Salvo que tu red este en un sitio muy plano, necesitarás medir la altura relativa de los nudos. Incluso teniendo cartografía puede ser deseable para prever en qué puntos altos se deberá evacuar aire y en cuáles de los bajos evacuar los sedimentos. Un levantamiento topográfico podría tener este aspecto esquemáticamente:

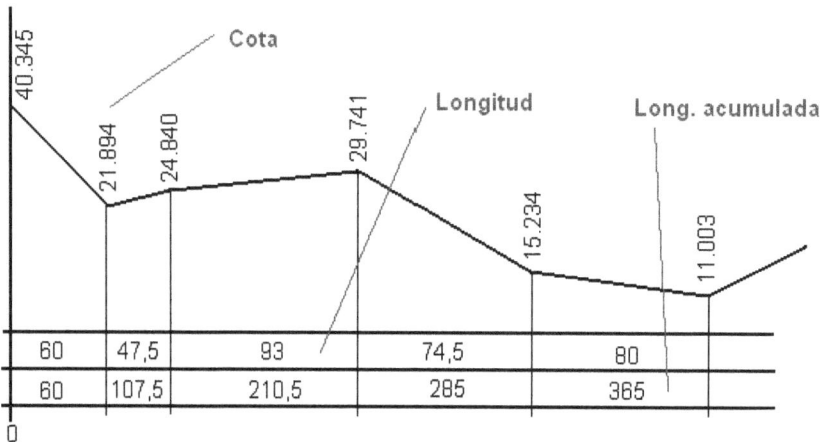

En él puedes leer fácilmente la cota del punto y la longitud de la tubería. Por ejemplo, del principio al último punto habría 365 metros de tubería (365-0 m) y 29,342 metros de desnivel (40,345–11,003 m).

Hay quien aconseja, yo mismo ya lo he hecho al comienzo del libro, que en redes repetitivas se gana tiempo introduciendo por defecto la longitud más frecuente de la tubería en tu red (recuerda en >*Proyecto/Valores por defecto*).

Si lo haces así, hazlo con cuidado porque, al dibujar un esquema y no a escala, ya no tienes ninguna manera de buscar tuberías a las que no les hayas metido datos (ver apartado anterior). Por ejemplo, en la imagen a continuación, las dos tuberías señaladas con las flechas parecen tener aproximadamente la misma longitud, sin embargo, la primera tenía 90 metros y la segunda sólo 40. Al haber metido una longitud por defecto que ya existe... ¿Cómo podrás descubrir que has dejado algún dato sin introducir?

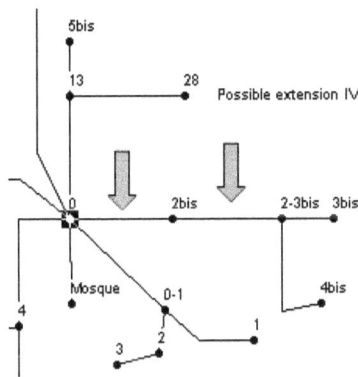

## Importando mapas desde AutoCAD

En algunos casos, aunque no es frecuente, la red estará digitalizada en AutoCAD. Existen algunos programas que interpretan la información contenida en AutoCAD y la transforman para que sea interpretable por EPANET. Uno de ellos es dxf2epa, desarrollada por Lewis Rossman, el creador de EPANET. Otro bastante interesante y más moderno es epacad:  www.epacad.com

Hay dos cosas a las que prestar atención:

1.  La primera es que, si no se han usado herramientas de precisión al dibujar con AutoCAD, ej. Snap, aquellas líneas que parecen tocarse y que en realidad no lo hacen, aparecerán desconectadas en EPANET.

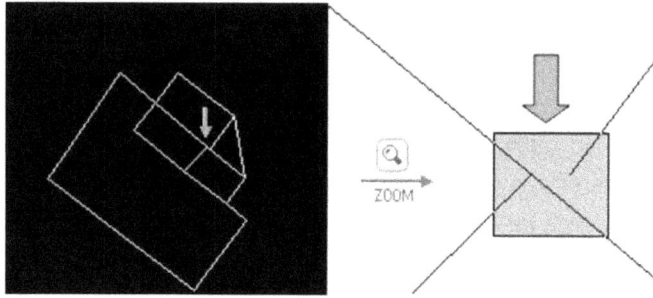

2. Las líneas que se cruzan se interpretan automáticamente como un nudo. En el caso de tener tuberías que se cruzan pero que no están unidas, es necesario desunirlas. Para evitar confusión, se suelen representar como en la imagen de la derecha.

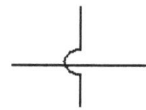

## Incluyendo detalles

Hay veces en las que, en un dibujo a escala, algunas partes se apelotonan si se mantiene la escala. Es el caso de una estación de bombeo, como en la imagen, o de una pequeña instalación que se quiere modelar en la misma red (Ej. Colegios, centros de salud, etc.).

Lo más sencillo es probablemente desactivar el modo longitud automática y dibujar esa parte exagerada, asignándole las longitudes reales después. En la imagen la zona rodeada corresponde a la estación de bombeo. Se ve como se ha exagerado incluso invadiendo el mar para poder modelar todos sus componentes y no tener un amasijo de puntos y bombas ininteligible, aunque en la realidad sólo ocuparía algunos metros.

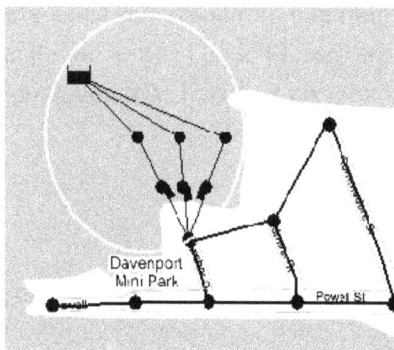

# Introduciendo los datos de los nudos

Ya tenemos dibujada la red, es hora de repasar los datos que necesitamos. Sabes del tutorial *Guía rápida* que pinchando dos veces sobre un objeto se abre un diálogo con sus propiedades. En el mismo dialogo se introducen algunas y se leen otras, es decir, sólo podrás modificar algunas de ellas.

| Nudo de Caudal 1 | | |
|---|---|---|
| Propiedad | Valor | |
| *ID Nudo de Caudal | 1 | |
| Coordenada X | 4535,07 | |
| Coordenada Y | 5350,73 | |
| Descripción | Con medidor | |
| Etiqueta | | |
| *Cota | 1861,4 | |
| Demanda Base | ,15 | |
| Curva Modul. Demanda | 1 | |
| Tipos de Demanda | 1 | |
| Coeficiente del Emisor | | |
| Calidad Inicial | 0,6 | |
| Intensidad de la Fuente | 0,7 | ... |
| Demanda Actual | 0,00 | |
| Altura Total | 1921,99 | |
| Presión | 60,59 | |
| Calidad | 0,00 | |

Este es el cuadro completo de un nudo, con todas sus propiedades. Aquéllas que se han recuadrado en rojo (arriba) se pueden modificar, pero toman valores automáticamente al dibujar el objeto, salvo *Descripción* y la *Etiqueta*, que sirven exactamente para lo que estás pensando.

En negro (abajo), son datos que vienen del cálculo, es decir, son datos que se leen. Con un asterisco están los datos mínimos necesarios que para un nudo serían la cota y el nombre.

Debemos concentrarnos en los parámetros en el centro:

1. Cota
2. Demanda base
3. Curva de modulación
4. Tipo de demanda
5. Coeficiente emisor
6. Calidad inicial
7. Intensidad de la fuente.

Estos parámetros se irán viendo en los apartados que continúan. El plato fuerte, la demanda (puntos 2, 3 y 4), se ha dejado para el siguiente capítulo. No te dejes asustar que en realidad es muy sencillo.

## Cota

La cota no es más que la altura de un punto. Como se trabaja con alturas relativas, nos da lo mismo que sean respecto al nivel del mar estándar o respecto a la piedra donde te olvidaste el sombrero. El punto que nos sirve de referencia para comparar unas cotas con otras se llama datum. Si hubiera un levantamiento topográfico se suele tomar la base de un depósito, un sondeo, etc. Sólo recuerda que **no puedes confiar en un GPS, barómetro o Google Earth para obtener las elevaciones**, su precisión es demasiado baja para un sistema de agua y te arriesgas a una sorpresa muy desagradable.

Imagina que no conocieras la altura respecto al mar de estos tres elementos de una red, a pesar de que se pone en una columna para que te sirva de referencia. Si decides que el datum es el sondeo y le asignas la cota 0 metros quedaría:

| | Elemento | Altura relativa | (Altura respecto al mar) |
|---|---|---|---|
| Datum | Sondeo | 0 metros | 500 m |
| | Depósito | 67 metros | 567 m |
| | Fuente 1 | 22 metros | 522 m |

Si se hubiera tomado el depósito como datum entonces quedaría así:

| | Elemento | Altura relativa | (Altura respecto al mar) |
|---|---|---|---|
| Datum | Depósito | 0 metros | 567 m |
| | Sondeo | - 67 metros | 500 m |
| | Fuente 1 | - 45 metros | 522 m |

La manera más exacta para determinar las alturas es mediante un levantamiento topográfico. **Nunca utilices un barómetro o un GPS convencional (<8000 USD) para determinar alturas**. El error de estos aparatos es de ±10 metros, es decir, todo el rango de presiones de un sistema bien equilibrado. Los puedes usar para estudios preliminares, pero no para el diseño final.

Lo mismo para mapas con curvas de nivel y modelos de elevación digital (DEM) gratuitos en internet. Por ejemplo, con Google Earth puedes navegar hasta hacer coincidir la coordenada UTM del punto en el navegador y leer la altura, aunque no vieras nada por no haber cartografía detallada.

Pointer  28 R     337761.54 m E   3128041.30 m N  elev 3243 m

Si los usas, hazlo con precaución y comprobando la exactitud en tu zona. En algunos lugares te puedes llevar la sorpresa que, según las escalas y los momentos, el nivel del mar puede estar a 17 m.

Como la naturaleza humana es vieja amiga de todos, te habrás olvidado aquí también meter alguna cota. Los olvidos tendrán valor 0. Repite la búsqueda:

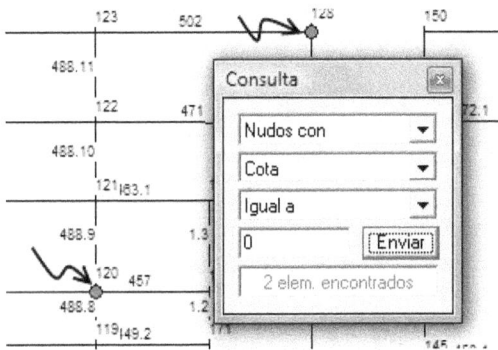

## Atención a las cotas "con truco"

Determinar que cota se debe utilizar puede tener truquillo. Lee con atención lo que sigue, porque a veces, no es tan sencillo como medir que un punto está a cierta altura. En un modelo, no se representan absolutamente todas las acometidas a las casas, ni todos los puntos por los que pasa una tubería. **Debes asegurarte que hay suficiente presión y que el flujo no se interrumpe en ningún momento.**

Una casa en C puede no recibir agua.

**Recuerda poner nudos testigos** para leer la presión en los puntos más altos de la red.

A la hora de determinar la altura, no hace falta determinar la altura exacta a la que está la tubería. Utilizar la altura del terreno es una buena aproximación que da como error la profundidad de enterramiento, apenas 1 metro.

Siguiendo el mismo razonamiento, si la tubería pasa por un punto alto A más elevado que la línea de presión el agua no conseguirá pasar al punto B.

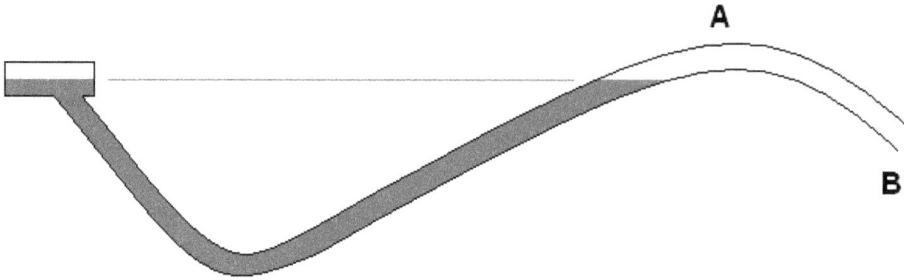

Para evitar la posibilidad de que esto ocurra, coloca un nudo sin demanda en los puntos más altos de las tuberías que puedan ser problemáticos. Una vez el agua empiece a moverse, el gradiente hidráulico ya no será horizontal y es más difícil evaluar la presión en el punto A si no hay un nudo. Salvo en caso excepcionales, la presión mínima de cualquiera de estos puntos debe ser 10 metros para evitar problemas de presión.

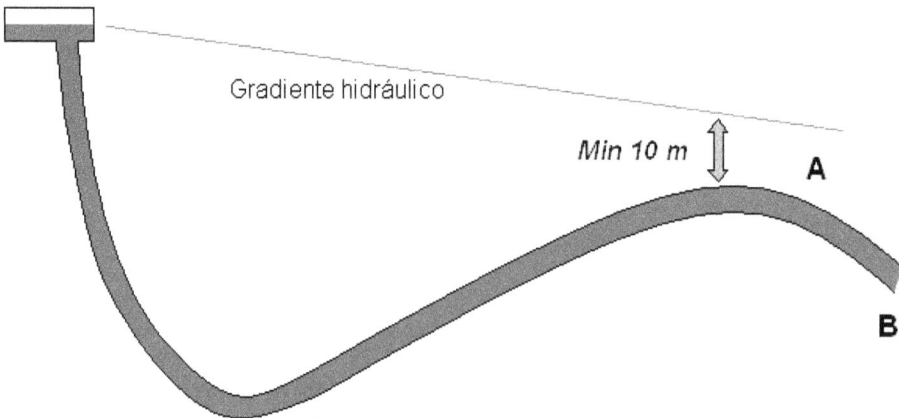

¿Cuáles son los casos excepcionales?

Casos en los que no se puede tirar la tubería por un recorrido alternativo y cumplir este requisito necesita de depósitos elevados o bombas. En estas condiciones, si la presión en un punto A es menor, es probable que no merezca la pena someter toda la red a la complicación de una estación de bombeo o de un depósito elevado.

## Coeficiente emisor

Se utilizan para simular flujos libres o dependientes de la presión evitando especificar una demanda concreta, como es el caso de fugas, irrigación, para la descarga libre de una tubería. Para este último caso, por ejemplo, se pone un coeficiente muy alto tipo 9999999.

## Calidad Inicial

Se suele dejar en blanco. Se utilizaría si al modelar quieres empezar con un valor de calidad, por ejemplo, 0,6 ppm de cloro. La utilidad principal es evitar que el programa tarde mucho en alcanzar concentraciones alrededor de la deseada.

## Intensidad de fuente

En nudos en los que entra agua, se utiliza este parámetro para describir su concentración. Por ejemplo, puedes modelizar un inyector de cloro por goteo, con un caudal de digamos 0,001 l/s y una "intensidad de fuente" de 100 ppm. En el capítulo 6 se describirá en detalle la cloración.

# Introduciendo los datos de las tuberías

No corresponde aquí describir los pros y contras de cada tipo de tubería. Basta saber, que a efectos de modelado hay dos tipos principales de tuberías:

a) **Tuberías metálicas**. Tienen más fricción, consumen cloro, tienen tendencia a reducir su diámetro por incrustaciones y son más costosas. Incluye el hierro galvanizado y la fundición.

b) **Tuberías plásticas**, que son más lisas, no consumen cloro, acumulan menos depósitos y son más baratas. PVC y el polietileno (PEAD).

| Tubería 1 | |
|---|---|
| Propiedad | Valor |
| *ID Tubería | 1 |
| *Nudo Inicial | 1 |
| *Nudo Final | 2 |
| Descripción | |
| Etiqueta | |
| *Longitud | 100 |
| *Diámetro | 200 |
| *Rugosidad | 0,1 |
| Coef. Pérdidas Menores | 0 |
| Estado Inicial | Abierta |
| Coef. Reacción en el Medio | |
| Coef. Reacción en la Pared | |
| Caudal | Sin Valor |
| Velocidad | Sin Valor |
| Pérdida Unitaria | Sin Valor |
| Factor Fricción | Sin Valor |
| Velocidad de Reacción | Sin Valor |
| Calidad | Sin Valor |
| Estado | Sin Valor |

La introducción de datos en la tubería es mucho más sencilla. Los 3 primeros parámetros los pone EPANET automáticamente. Aunque puedes cambiar el ID de una tubería, recuerda que esta es una pérdida de tiempo monumental y que siempre puedes hacerlo más tarde con la herramienta Rename-IDs. Si realizas modificaciones, una gran parte de los ID de nudo variará con cada una de ellas.

Los 7 últimos se leen una vez se haya calculado el modelo. Hasta entonces aparecerán "Sin Valor".

## Longitud

Con una imagen calibrada, la longitud la determinará EPANET en el modo Long. Automática Si no tienes una imagen de fondo, la tendrás que introducir tubería por tubería partiendo del levantamiento topográfico.

### Diámetro

En las tuberías metálicas el diámetro con el que se las especifica corresponde con el diámetro interno. Una tubería de 25mm tiene ese diámetro útil, y es este diámetro que se introduce al modelarlas.

En contraste, las tuberías plásticas (PVC y PEAD) se llaman por su diámetro externo. El diámetro interno es el externo menos el grosor correspondiente a la pared. **A la hora de modelarlas debes usar exclusivamente este diámetro interno**. Para complicar más las cosas, las especificaciones de unos fabricantes a otros varían. En la práctica, se acepta que se usen números enteros aproximados, por los pequeños errores que introducen y por simplificar enormemente la tarea y evitar errores. Puedes utilizar esta tabla de correspondencia aproximada entre diámetros comerciales (DN) y diámetros internos (DI):

| DN | 25 | 32 | 40 | 50 | 63 | 75 | 90 | 110 | 125 | 140 | 160 | 180 | 200 | 250 | 315 | 400 |
|---|---|---|---|---|---|---|---|---|---|---|---|---|---|---|---|---|
| DI PEAD | 20 | 26 | 35 | 44 | 55 | 66 | 79 | 97 | 110 | 123 | 141 | 159 | 176 | 220 | 277 | 353 |
| DI PVC | 21 | 29 | 36 | 45 | 57 | 68 | 81 | 102 | 115 | 129 | 148 | 159 | 185 | 231 | 291 | 369 |

## Rugosidad

El valor del coeficiente de rugosidad depende de qué fórmula se utilice para calcular hidráulicamente el sistema. Aquí hay dos opciones principales:

a) Si es la **ecuación de Darcy-Weisbach**, usada mayoritariamente en Europa, este coeficiente es f y toma valores con decimales.

b) Si se usa la **ecuación de Hazen-Williams**, cómo en América, este coeficiente se llama C y toma valores de 100, 120 etc. A mayor coeficiente menor fricción.

Yo te recomiendo usar siempre Hazen-Williams, porque es más intuitiva, el coeficiente no tiene decimales, y sobre todo porque este coeficiente no depende tanto del diámetro o la velocidad. Los detractores afirman que es una ecuación experimental (la de Darcy- Weisbach es teórica) y que sólo vale para agua a temperatura ambiente, pero... ¡¿acaso no es justamente eso lo que queremos calcular?!

Si mi argumento te ha convencido, y no estás modelando el comportamiento hidráulico del caldo de pescado a 90 ºC, debes comprobar que tienes escogida la ecuación de Hazen-Williams (H-W en EPANET). Para ello >*Proyecto/Opciones de cálculo*, y selecciona H-W.

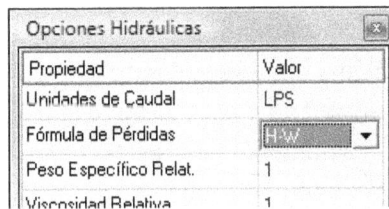

| Opciones Hidráulicas | |
|---|---|
| Propiedad | Valor |
| Unidades de Caudal | LPS |
| Fórmula de Pérdidas | H-W |
| Peso Específico Relat. | 1 |
| Viscosidad Relativa | 1 |

El valor C depende del material y del estado (y ligeramente del diámetro), siendo mayor en tuberías plásticas y nuevas. Básicamente para tuberías de:

| | |
|---|---|
| Plástico | 140-150 |
| Hierro galvanizado | 120 |

Usa la ayuda de EPANET para obtener un listado más completo.

Asegúrate que no usas por despiste coeficientes C de H-W con la formula D-W o, al contrario. Eso haría que tu modelo muestre presiones negativas, aunque pongas diámetros de tubería enormes.

## Coef. Pérdidas menores

Son pérdidas de energía que se producen por las turbulencias que introduce todo aquello que no sea una tubería recta: codos, válvulas, reductores, tés, etc. En la imagen, una válvula a medio cerrar crea una turbulencia cónica en la salida del grifo que se ve claramente en la proyección sobre la pared y sobre la tela azul. Al igual que cambiar el estado de movimiento de agua estancada a agua en movimiento mediante una bomba consume energía, acelerar el agua y crear un torbellino cónico consume energía.

En la mayoría de ocasiones las pérdidas son tan "menores" que no se incluyen en los modelos. Los casos donde si deberían incluirse:

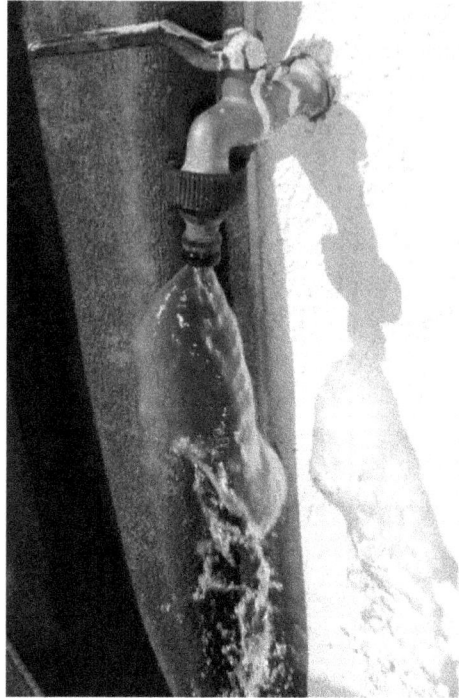

- Estaciones de bombeo.
- Instalaciones interiores de edificios y diámetros menores a 1".
- Lugares donde el agua vaya a gran velocidad.

Una forma de representar las pérdidas menores es añadiéndole una longitud equivalente a la tubería, es decir, x metros de tubería más producen la misma fricción que los accesorios considerados. Aunque esto puede parecer a priori práctico, tiene dos pegas fundamentales:

- Al no representar EPANET la longitud real de las tuberías, no se pueden tomar datos directamente del programa para determinar los materiales necesarios. Trabajar mezclando longitudes reales y ficticias puede generar una mayonesa de datos de lo más espesa.

- Los análisis de calidad se ven afectados. Al aumentar la longitud de las tuberías se afecta el tiempo de permanencia ("edad" del agua) y la evolución del cloro.

Para evitar estos problemas se recurre al coeficiente de pérdidas menores. Este coeficiente (K) es característico de cada accesorio y se relaciona con la pérdida de carga en metros de columna de agua (H) mediante la expresión $H = K * v^2/2g$.

A modo indicativo estos son los coeficientes mostrados en la ayuda de EPANET. La Tabla 2.6 de "*Advanced Water Distribution Modeling and Management*" añade alguno más.

### Coeficientes de Pérdidas Menores

| ACCESORIO | COEF. PÉRDIDAS |
|---|---|
| Válvula de Globo, totalmente abierta | 10,0 |
| Válvula de Ángulo, totalmente abierta | 5,0 |
| Válvula de Retención de Clapeta, totalmente abierta | 2,5 |
| Válvula de Compuerta, totalmente abierta | 0,2 |
| Codo de Radio Pequeño | 0,9 |
| Codo de Radio Mediano | 0,8 |
| Codo de Radio Grande | 0,6 |
| Codo a 45° | 0,4 |
| Codo de Retorno (180°) | 2,2 |
| 'T' estándar (flujo recto) | 0,6 |
| 'T' estándar (flujo desviado) | 1,8 |
| Entrada brusca | 0,5 |
| Salida brusca | 1,0 |

Ten en cuenta que si dibujas una tubería con un ángulo de 90°, por ejemplo, y quieres tener en cuenta las pérdidas menores, debes incluir su valor. Para EPANET, dibujes como dibujes las tuberías, todas son rectas y sin accesorios. Para ilustrarlo, mira que la presión es la misma en dos tuberías de idéntica sección y longitud, a pesar de que el recorrido de una de ellas no es precisamente recto. EPANET no ha tenido en cuenta la infinidad de codos con sus pérdidas que se necesitarían para construir la tubería B.

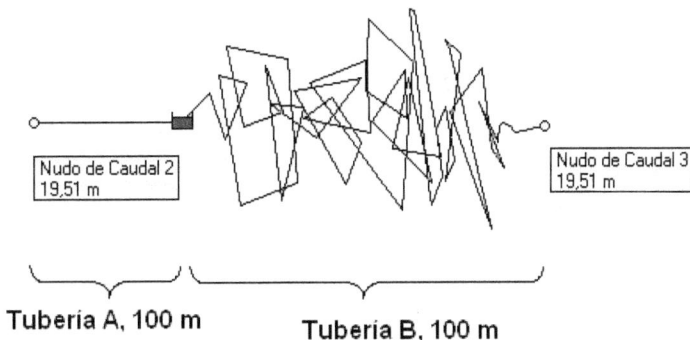

Nudo de Caudal 2
19,51 m

Nudo de Caudal 3
19,51 m

Tuberia A, 100 m     Tuberia B, 100 m

## Estado inicial

Ver Válvulas más adelante en el capítulo. Básicamente se describirá si están abiertas, cerradas o sólo permiten el flujo en una dirección y es la manera de incorporar válvulas de apertura y cierre, y anti-retorno.

## Coeficiente de reacción en el medio y en la pared

Ver el Capítulo 6.

# Introduciendo los datos de los embalses

| Embalse 36 | |
|---|---|
| **Propiedad** | **Valor** |
| *ID Embalse | 36 |
| Coordenada X | 3091,36 |
| Coordenada Y | 1581,88 |
| Descripción | |
| Etiqueta | |
| *Altura Total | 430 |
| Curva Modulac. de la Altura | |
| Calidad Inicial | |
| Intensidad de la Fuente | |
| Caudal Neto Entrante | Sin Valor |
| Altura | Sin Valor |
| Presión | Sin Valor |
| Calidad | Sin Valor |

A continuación, se verán los frecuentes en Cooperación. Para los otros, remitirse a los manuales.

## Cota

Es la altura a la que está la superficie del agua. Hay varias situaciones en las que determinar esa altura tiene truco.

Aparte de un río o una laguna, lo más frecuente en Cooperación, es el caso de un **sondeo**. A medida que se bombea de un acuífero el nivel de agua va a pasar del reposo (nivel estático) a uno bastante más bajo (el nivel dinámico) como se muestra en la imagen.

Sin entrar en muchos detalles, se forma un cono de depresión similar al que se forma en un lavabo al quitar el tapón. A mayor caudal, mayor cono de depresión. Este cono lleva el nivel de agua mucho más abajo en el interior del sondeo. Es este nivel dentro del sondeo el que se debe introducir.

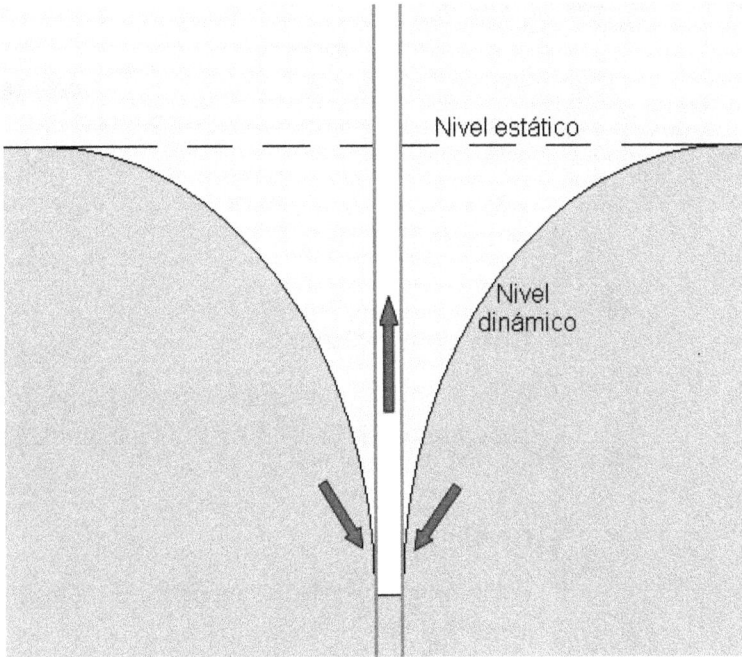

Por ejemplo, si la boca del sondeo está a 30 metros de altura, el agua en reposo a 10 m metros bajo el suelo, y cuando la bomba se activa se alcanza un equilibrio a 50 m desde la boca, el nivel de ese "embalse" será 30 metros – 50 metros, es decir, -20 metros.

Otro error frecuente es considerar introducir la altura a la que está instalada la bomba. Si el nivel dinámico queda 20 metros por encima de la bomba, la bomba no realiza trabajo al mover un fluido en el seno de otro fluido de igual densidad. Sólo cuando se está levantando agua sobre aire se realiza un trabajo. Para visualizar este concepto, puedes introducir una bolsa de agua en un cuerpo con agua. Verás que sólo te cuesta trabajo moverla cuando intentas sacarla fuera del agua.

**Calidad inicial**

Ver capítulo 6.

**Intensidad de la fuente**

Ver capítulo 6.

# Introduciendo los datos de los depósitos

| Depósito 2 | |
|---|---|
| Propiedad | Valor |
| *ID Depósito | 2 |
| Coordenada X | 4375,99 |
| Coordenada Y | 8578,20 |
| Descripción | |
| Etiqueta | |
| *Cota de Solera | 123 |
| *Nivel Inicial | 1,4 |
| *Nivel Mínimo | 0,2 |
| *Nivel Máximo | 2,8 |
| *Diámetro | 6,4 |
| Volumen Mínimo | |
| Curva de Cubicación | |
| Modelo de Mezcla | Completa |
| Fracción de Mezcla | |
| Coeficiente de Reacción | |
| Calidad Inicial | |
| Intensidad de la Fuente | |
| Caudal Neto Entrante | Sin Valor |
| Altura Superf. Libre | Sin Valor |
| Nivel | Sin Valor |
| Calidad | Sin Valor |

Vamos a introducir uno de los depósitos más comunes en emergencias, un T95 de Oxfam. Es un tanque corrugado de 3 metros de altura, 6,4 de diámetro, del que el agua sale a 20 cm del suelo y el rebosadero esta a 2,8 m.

## Cota de la solera

Es la altura a la que esta la base del depósito. Sirve para referenciar las demás. Por ejemplo, 123 m.

## Nivel inicial

Es la altura inicial del depósito. Si está a medio llenar: 1,4 m.

## Nivel mínimo

Es la altura relativa de la salida de agua para distribución. No confundir con el desagüe o la salida de la reserva de incendios. En el T95, 0,2 m.

## Nivel máximo

Es la altura relativa del rebosadero. En nuestro caso, 2,8 m.

## Diámetro y el "redondeo" de tanques rectangulares

EPANET supone que todos los depósitos tienen sección circular.  Si bien los tanques se modelan como si fueran cilíndricos, la realidad es que la inmensa mayoría son rectangulares... ¡auichh!  Para salvar esta pequeña dificultad se recurre al "diámetro equivalente", que no es otra cosa, que buscar el diámetro del círculo que tenga la misma área que nuestro depósito.

Lo mejor es verlo con un ejemplo:

Un depósito de 8 m x 12 m de lado tiene 96 m² de superficie. Se trata de encontrar el diámetro de un círculo con 96 m² de superficie. La ecuación que se plantea es:

$$96m^2 = \frac{\Pi * D^2}{4}$$    El diámetro equivalente a introducir es 11,05 m.

Siendo A y B, ancho y largo, la ecuación genérica es:    $D = 2\sqrt{\dfrac{AB}{\Pi}}$

## Volumen mínimo

Ignorar. Es una ayuda para calcular mezclas con el volumen residual cuando los tanques tienen formas menos comunes.

## Curva de cubicación

Se utiliza para tanques de diámetro variable para relacionar el volumen con la altura. Tanques de diámetro variable son los cónicos, esféricos, etc.

## Modelo de mezcla

Hay cuatro modelos de mezcla, de los cuales el más común es el primero:

1.  **Completa**. La mezcla es completa e instantánea. Es la ideal para aquellos sistemas que llenan un depósito completamente y después lo vacían. Esto ocurre frecuentemente en Cooperación porque la manera más sencilla de clorar el agua es llenar completamente un tanque, dosificar el cloro y esperar a que actúe antes de abrirlo al consumo.

2.  **Dos compartimentos**. No es común, ver manual para detalles.

3.  **Pistón LIFO**. Se asume que el agua no se mezcla, y que la primera en salir es la última en entrar. Se puede utilizar para modelar tanques de depuración.
4.  **Pistón FIFO**. Consulta el manual de usuario si llegaras a necesitarlo.

## Fracción de mezcla

Se establece una zona dentro del tanque donde se producen las mezclas. Referirse al manual.

## Coeficiente de reacción, calidad inicial e intensidad de fuente

Ver capítulo 6.

## Válvulas

Las válvulas de apertura y cierre y el anti-retorno se modelan como una propiedad de la tubería. No hay un objeto que las represente sino una propiedad dentro del objeto tubería. La manera de cerrar una tubería o poner una válvula anti-retorno es modificando la propiedad "Estado inicial" entre los valores Abierta, Cerrada o V. Retención (anti-retorno), que sólo permite el flujo en una dirección.

| Tubería 5 | ⊠ |
|---|---|
| Propiedad | Valor |
| Etiqueta | |
| *Longitud | 100 |
| *Diámetro | 200 |
| *Rugosidad | 0,1 |
| Coef. Pérdidas Menores | 0 |
| Estado Inicial | Abierta ▾ |
| Coef. Reacción en el Medio | Abierta / Cerrada / V.Retención |
| Coef. Reacción en la Pared | |
| Caudal | Sin Valor |

El resto de válvulas, y esto es una opinión personal, **son válvulas a evitar** en la gran mayoría de casos. La razón es que son válvulas delicadas y caras. Con un coste de 3.500 € en un diámetro de 200 mm para una válvula sostenedora y teniendo en cuenta la falta de familiaridad con estas válvulas y su más que probable ausencia en el mercado local, son válvulas que no van a ser sustituidas. Estaremos de acuerdo en que la utilidad de una bomba sumergible es patente para profanos, están disponibles en casi cualquier sitio y son de sobra conocidas y sin embargo... ¡¿Cuántos sistemas habré visto abandonados por no poder hacer frente a un pago similar?!

Si no van a ser substituidas, lo mejor que puedes hacer es diseñar evitando estas válvulas:

- V. Sostenedora. Impide que la presión aguas arriba caiga por debajo de un determinado valor.
- V. Reductora. Reduce la presión aguas abajo por debajo de un valor.
- V. Limitadora de caudal.
- V. Regulación. Son válvulas parcialmente abiertas, Ej., de mariposa.
- V. de Rotura de carga. Fuerzan una caída de presión.

Si aun así decides que necesitas una, simularlas es un problema menor que puedes abordar con el manual de EPANET.

## Modelando una estación de bombeo

En esta etapa del diseño no se ponen bombas, aunque la red las lleve. La razón es que primero se va a dimensionar las tuberías y estabilizar la red, y una vez logrado, se añaden las bombas con las características para operar en esa red en concreto. Es decir, allá donde vaya una bomba, imagina que es un embalse en una colina y se procede como si el proyecto fuera por gravedad jugando con las tuberías hasta conseguir "bajar el tanque en la colina" lo más posible.  La altura de esa colina será la altura a la cabeza de bombeo, la altura que la bomba debería ser capaz de vencer

Enseguida lo vamos a ver con un ejemplo, mientras es importante destacar algunos puntos:

- El tipo de bomba (centrífuga, horizontal, sumergible) no influye en la simulación si la toma de la bomba tiene agua suficiente para que la bomba no aspire aire.

- Si hay grandes variaciones de demanda se colocan varias bombas de manera que se puedan ir encendiendo o apagando unas u otras según el caudal que se necesite.

### Modelando la bomba sumergible de un sondeo

Vamos a hacer una red muy sencilla en una planicie, digamos en Eritrea. El agua se toma de un sondeo y se distribuye directamente en cuatro puntos.

1. Empieza dibujando esta red con el sondeo sin conectar:

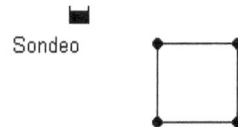

2. Introduce los siguientes datos: las cotas 0 m y las tuberías de 100 metros cada una y tentativamente de 200 mm de diámetro.

3. Al embalse asígnale la presión máxima que quieras que tenga el sistema por encima de la cota del punto más bajo. Digamos que quiero 3 bares, equivalentes a 30 metros de altura. Como la cota más baja es 0, la cota del embalse es 0 m+ 30 m = 30 m.

4. Une el embalse con una tubería.

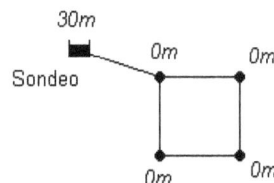

**5.** Ahora llega un proceso que no vamos a hacer porque se ve en capítulos posteriores. Básicamente se empezarían a cambiar tuberías y diámetros hasta que se llegara a una solución óptima para la red que nos haya permitido bajar el embalse hasta 25 metros. Este es el resultado de ese proceso:

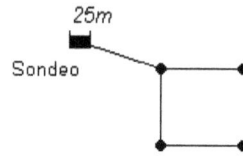

Si el sondeo no está construido o no se ha hecho un ensayo de bombeo, no puedes saber hasta qué profundidad descenderá el agua al bombear, llamada **nivel dinámico**, ni qué caudal va a proporcionar el sondeo. Como de momento no tienes datos suficientes, debes dejar el modelo en este estado por el momento.

**6.** Ya hemos dicho que, cómo es un sondeo, al empezar a bombear el nivel de agua va a bajar. Coloca el embalse que está simulando el sondeo a la cota de la cabeza del sondeo menos el nivel dinámico. Es decir, si en la realidad el sondeo tiene una cota de 5 metros y al bombear el agua baja hasta colocarse a 35 metros de la boca del sondeo, la cota que tienes que introducirle al embalse es 5 m-35 m= -30 m.

Ojo, recuerda que 35 m no es la profundidad a la que va instalada la bomba, sino la profundidad hasta la que baja la superficie del agua dentro del sondeo. Aprovecha y elimina la tubería que une embalse y nudo.

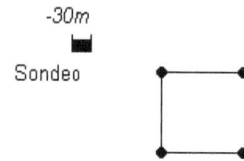

Por último, elimina la tubería que parte del sondeo.

**7.** Seleccionarías una bomba que bombee el caudal necesario según vas a ver en los próximos capítulos. La cabeza o altura de bombeo es la suma de:

25 m   (A, determinado en el punto 4)
30 m   (B, nivel dinámico)

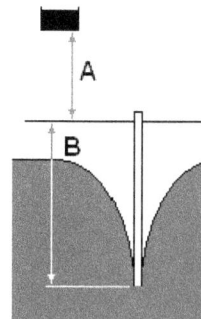

La cabeza de bombeo sería 55 metros, es decir, es la altura total desde el nivel dinámico hasta la superficie en un hipotético del embalse que habíamos colocado en el punto 4. Esta altura hipotética simula la resistencia de la red a que se le introduzca agua por bombeo mas la presión residual.

8.  Dibuja la bomba recordando que el sentido de bombeo es aquel en el que lanzaría los proyectiles el cañón al que se asemeja la representación de la bomba en EPANET. Se ve como añadir las propiedades de la bomba en la próxima sección.

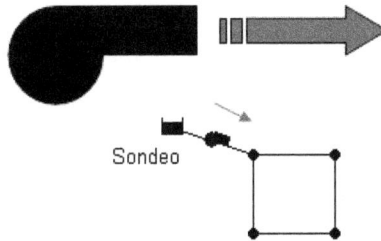

9.  No hace falta que coloques una tubería. La bomba la presupone. Sin embargo, no incluye los parámetros de esta tubería. Si crees que pueden afectar al comportamiento, por ejemplo, porque la distancia es muy grande, añade un nudo intermedio y asígnale propiedades a la tubería que parte de ese nudo.

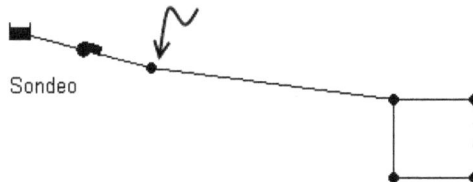

## Añadiendo una bomba

| Bomba 5 | ☒ |
|---|---|
| Propiedad | Valor |
| *ID Bomba | 5 |
| *Nudo Aspiración | 1 |
| *Nudo Impulsión | 6 |
| Descripción | |
| Etiqueta | |
| Curva Característica | 1 |
| Potencia Nominal | |
| Velocidad Relativa | |
| Curva Modulac. Veloci | |
| Estado Inicial | Marcha |
| Curva Rendimiento | 1 |
| Precio Energía | 0,6 |
| Curva Modulac. Precio | 1 |
| Caudal | Sin Valor |
| Altura Bomba (-) | Sin Valor |
| Calidad | Sin Valor |
| Estado | Sin Valor |

### Nudo de aspiración

Es aquél del que la bomba toma el agua.

### Nudo de impulsión

Donde la lleva. Recuerda:

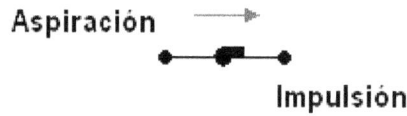

### Curva característica

Es una curva donde se representa altura de bombeo respecto a caudal, propia de cada bomba.

Si no estás familiarizado con ella o no sabes muy bien lo que es, es buen momento para consultar un libro de bombeo o preguntarle a internet. Es una curva básica para entender cómo funciona una bomba. A la derecha están las 3 curvas que definen el funcionamiento de una bomba: la curva característica, la de rendimiento y la de succión para bombas no sumergidas.

En este parámetro se introduce el nombre de la curva que hayas construido utilizando la información del fabricante. Para construir la curva de la bomba procede de la manera descrita para la curva de cubicación de los depósitos vista anteriormente, asegurándote de que eliges "Bomba" como tipo de curva y que los pares son altura respecto a caudal.

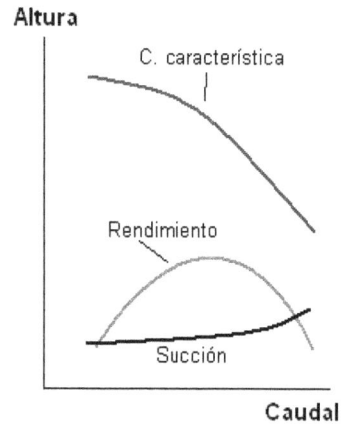

## Potencia nominal (kW)

Se usa cuando no se conoce la curva característica de la bomba, en el resto de casos se deja en blanco. En la fase de diseño no va a ocurrir porque la bomba la eliges tú, pero es muy útil en sondeos ya existentes cuando no se sabe que bomba hay dentro.

## Curva de velocidad

EPANET también puede modelar bombas de velocidad variable, como las bombas solares, introduciendo una curva en la propiedad Curva de modulación de la velocidad de las bombas.

## Curva de rendimiento

Ver capítulo 8, sección "Usando EPANET para determinar el consumo energético".

## Precio de la energía y Curva de modulación de precios

Ídem.

# Modelando una bomba

El tipo de bomba (centrífuga, horizontal, sumergida) no influirá en la simulación realizada por EPANET si la entrada de la bomba mantiene un mínimo de presión para que no haya cavitación.

## Modelar una bomba en particular

Sique estos pasos si sabes que bomba está instalada o qué bomba va a instalar. Como ejemplo, vamos a modelar la bomba CH 8-30 de Grundfos que bombeará agua de un pozo poco profundo a una red de 4 nodos a 2 kilómetros de distancia.

1. Dibuja un embalse y coloca cerca un nodo "fantasma".

Presta atención porque esto que viene a continuación es una de las cosas más peligrosas al usar EPANET. Por alguna razón EPANET la pinta las bombas con una seudo-tubería incluida que no permite introducir los parámetros. No tendrá en cuenta, por ejemplo, las pérdidas de presión de la tubería. **Podrías construir una red y que no llegara agua por no considerar esas pérdidas**. Para evitarlo, añade un nodo fantasma desde el que dibujar la tubería real, introducir sus parámetros y tener en cuenta la pérdida de carga que produce.

**2.** Dibuja la bomba de la manera en la que dibujas las tuberías, haciendo clic en el embalse del que extrae el agua y luego en el nodo fantasma. En EPANET, las bombas tienen la forma de un cañón. Dibuja la bomba para que el "cañón" apunte en la misma dirección que circulará el agua:

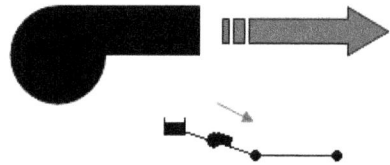

**3.** Añade una tubería de 2 km del nodo "fantasma" a la red:

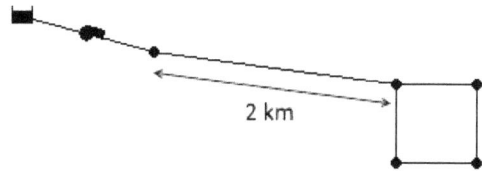

2 km

**4.** Lo siguiente es introducir las curvas de bombeo en >*Visor/Datos/Curvas comportamiento*. En el cuadro de diálogo que aparece, introduce un nombre para reconocer la bomba en el campo *ID Curva Comport.*, por ejemplo, CH 8-30, y selecciona *BOMBA* en *Tipo de curva*. Puedes añadir más detalles sobre la bomba en el campo *Descripción*:

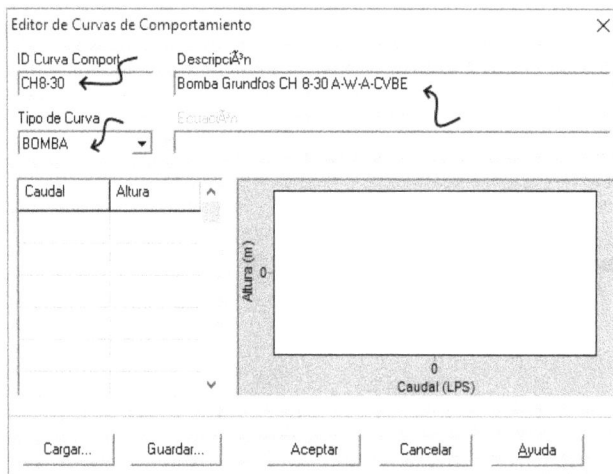

**5.** Toma las curvas proporcionadas por el fabricante y, como en el ejemplo siguiente, identifica cuatro puntos a igual distancia entre sí en el segmento de la curva donde el rendimiento de la bomba es mayor.

En este ejemplo tomaremos los siguientes puntos:

(4 m³/h , 28 m)  ; (6 m³/h , 25 m)  ; (8 m³/h , 21 m) ;  (10 m³/h , 16 m)

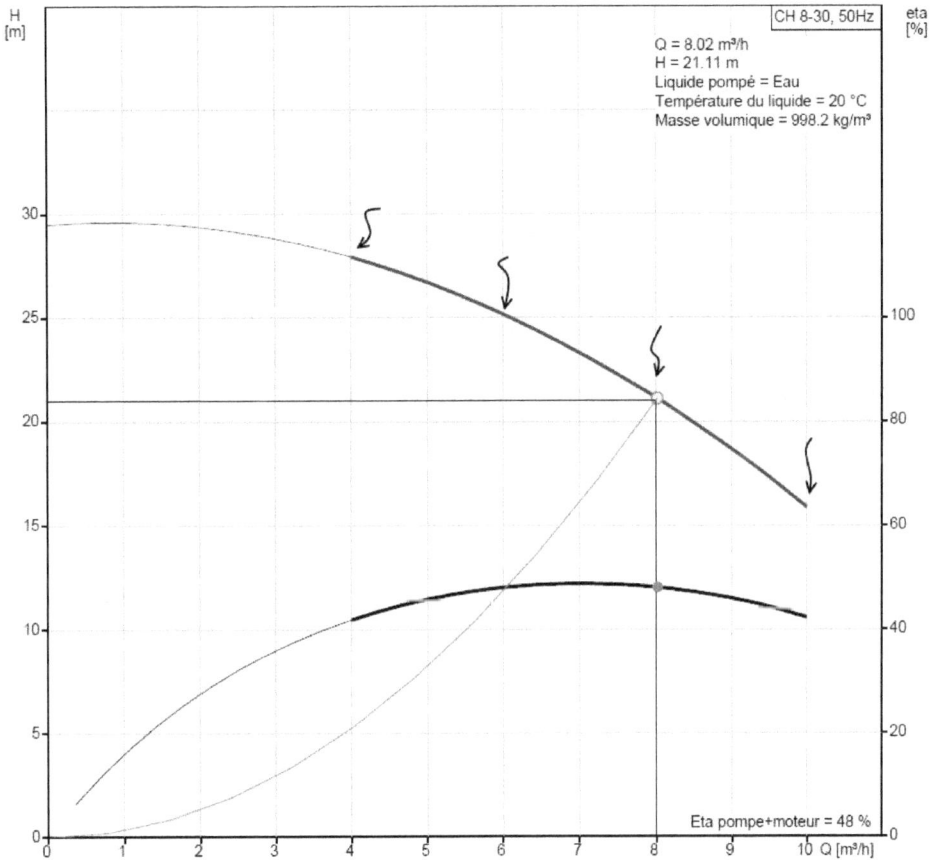

En l/s para que sea compatible con las unidades de EPANET quedaría:

(1,11 l/s , 28 m); (1,66 l/s , 25 m); (2,22 l/s , 21 m); (2,78 l/s , 16 m)

Introduce estos valores en orden ascendente de flujo en las columnas de *Caudal* y *Altura* del cuadro de diálogo:

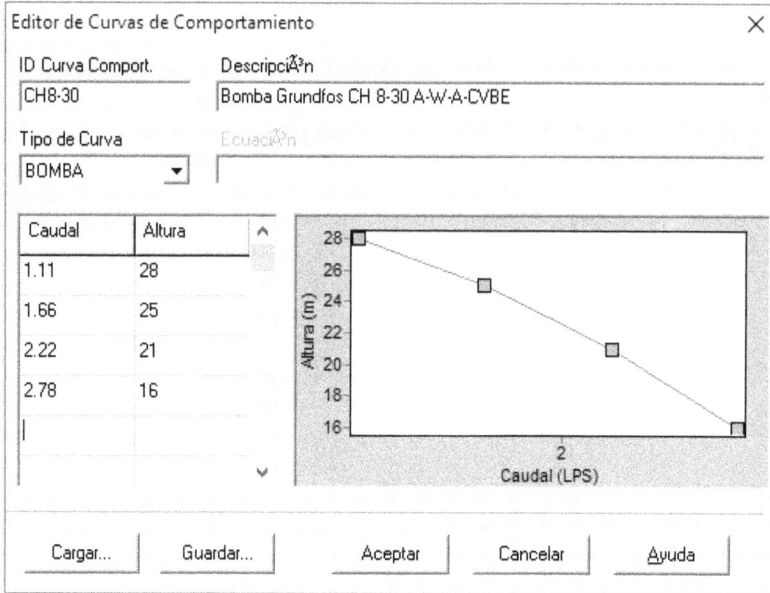

Si se tiene suficiente información, es muy importante **construir esta curva a partir de al menos 4 puntos diferentes**. Observa cómo la curva creada a partir de un único punto es diferente de la anterior:

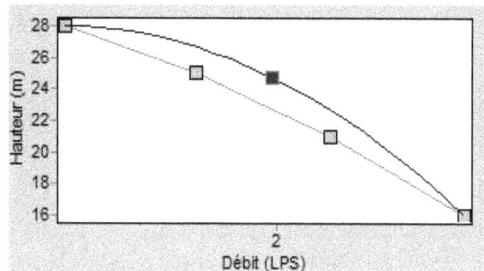

6.  Finalmente, para hacer que EPANET tenga en cuenta la curva que acabas de crear, haz clic en la bomba e introduce el nombre de la curva en el campo *Curva característica*, en este ejemplo CH 8-30.

Para modelar un tanque de ruptura de presión:

1. Averigua la ubicación y altura que colocan la presión en un rango óptimo en la red. Dibuja 2 nudos fantasmas y dales esa altura. Representan la entrada y la salida del tanque.

2. Dibuja una válvula reductora de presión e introduce "0" en el campo *Setpoint*. El diámetro debe ser al menos igual al diámetro del tubo. **Asegúrate que la dibujas en el sentido esperado del flujo** para que EPANET la interprete correctamente.

3. Divide la tubería existente en dos tramos, como se muestra en el diagrama, especificando la longitud de cada tubo según la ubicación del tanque de ruptura de carga.

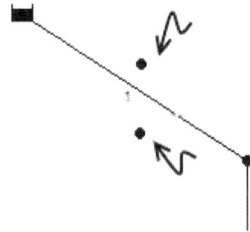

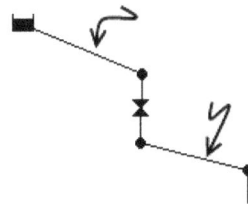

A continuación, lo puedes ver en funcionamiento en un sistema en Lesoto, en el que el agua entra en el estanque con una presión de 83,69 m y sale con una presión de cero.

[▶] https://youtu.be/NwpRnu09X-Q (How to model a break pressure tank)

# Esqueletización

Un modelo que tuviese en cuenta absolutamente todos los componentes sería muy laborioso y caro de construir, imposible de mantener y desafiante para interpretar. La esqueletización es un proceso que elimina aquellas tuberías que apenas contribuyen al comportamiento de la red. Las dos imágenes que siguen son de la misma red, una con todos los datos, y otra esquelética para analizar el comportamiento de los anillos. En esta esqueletización extrema se ha considerado que todos los elementos eliminados no contribuyen en gran medida en el análisis de los anillos.

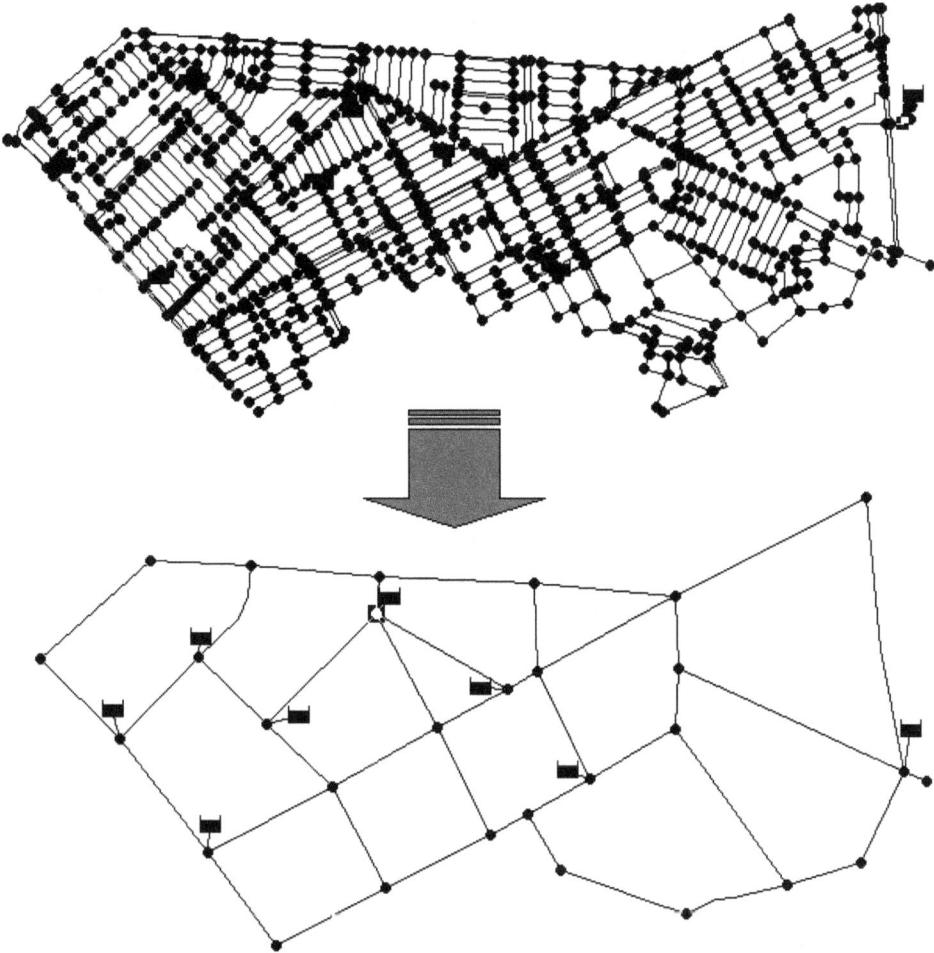

En países de renta baja y media, los modelos suelen ser relativamente simples y sólo se elimina detalle realmente innecesario. Tres casos claros son:

- Las acometidas a cada casa.
- Las instalaciones interiores de cada usuario.
- La conexión detallada de accesorios.

Con ellos se simplifica la red de manera importante y creo que se cubren todas las necesidades en los sistemas comunes sin correr riesgos. Si aun así necesitas simplificar una red más allá, puedes correr el modelo con los cambios y ver lo que pasa, o usar software específico y caro como Skelebrator o beta libre, optiSkeleton.

En muchos casos la esqueletización no significa la pérdida de información, sino su inclusión en partes ya existentes. Por ejemplo, el grupo de accesorios en la imagen se convertiría simplemente en 3 tuberías con las pérdidas de carga menores incluidas.

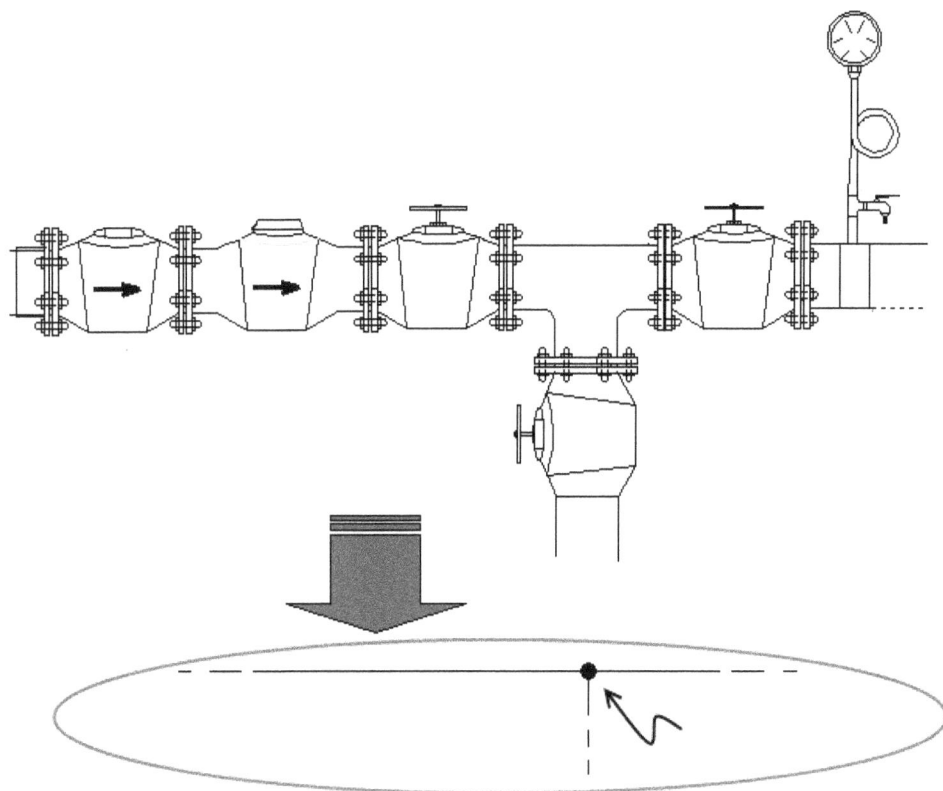

## Evitando estrellarse aparatosamente

He dejado esto para el final del capítulo con la esperanza de hacerlo más llamativo. Las tentaciones para sucumbir a los siguientes dos puntos son tremendas, porque suponen sistemas a priori **mucho más baratos, pero sin viabilidad ninguna**. Si no quieres tirarte de los pelos respeta estas consignas:

### Diámetro mínimo: 63 mm

Salvo las acometidas de las casas, **no instales tuberías menores de 63mm bajo ningún concepto**. Ya verás más adelante que esto es importante también para facilitar el cálculo de sistemas y casi fundamental para usar programas de cálculo, pero las razones son otras.

Las tuberías de **pequeño diámetro son muy traicioneras**. Se bloquean muy fácilmente con aire o sedimentos, son muy sensibles a pequeñas variaciones de diámetro, no permiten ampliaciones futuras o correcciones, no toleran el más mínimo error o imprevisto en el cálculo y no transportan caudal para proteger contra incendios. Si como en cierto proyecto se instalan 5 km de tubería de 25 mm, ya sabes que a los pocos meses se van a bloquear, ¡y luego ponte a buscar donde se ha atascado en mitad del bosque tropical!

## Timbraje mínimo: PN10

**No instales tuberías que resistan menos de 10 bares**, *independientemente de la presión que salga en el cálculo*. Y 10 bares ya es tirando a lo bajo, la mayoría de compañías instala PN16 directamente, porque saben que los costes de reparar las roturas y los daños a infraestructuras vecinas son mucho mayores. Instala PN16 o directamente metal bajo carreteras y otros lugares críticos.

La razón es que las tuberías no solo soportan la presión interna del agua, soportan también presiones del terreno, tensiones por cambios térmicos, el peso de vehículos y también de jirafas, búfalos de agua y otros animales pesados, y al instalarlas y transportarlas, acaban teniendo marcas de herramientas que las debilitan. Otra razón fundamental es que las tuberías de menor timbraje, por ejemplo, PN6, son para agricultura, y aunque son aptas para el consumo humano como te dirán, están diseñadas para vidas medias *en laboratorio* mucho menores, 25 años, que las de abastecimiento para consumo humano, 100 años.

Pero lo de 25 años es una ilusión, si instalas esas tuberías, tendrás problemas a las pocas semanas o meses.

# CAPÍTULO 5

# Cargando el modelo

## Introducción

**Cargar** un modelo es aplicarle la "carga" de los consumidores. Es uno de los pasos fundamentales y donde menos información firme se tiene. Para evitar ir con el paso tembloroso de un camaleón, presta atención y asume con tranquilidad que no todo va a estar basado en datos sólidos. Este es el territorio de las asunciones y lo importante es trabajar con las correctas.

El modelo se carga para trabajar adecuadamente la hora del día del año que más consumirá una población futura, es decir, se **diseña para la punta de trabajo**. Al hacerlo así, las redes están ligeramente sobredimensionadas, pero las ventajas bien merecen una inversión ligeramente mayor. La filosofía detrás es que si el sistema da servicio en el caso que le es más desfavorable, funcionará en el resto.

**Demanda** es el consumo que hace una persona, negocio, fábrica, etc. Para hacer los datos comparables y rápidamente modificables se parte de la demanda media horaria. A ésta se le van aplicando multiplicadores o coeficientes para tener en cuenta las variaciones horarias, semanales, mensuales, etc.

Además de su valor en sí, **la distribución espacial de las demandas es capital**. A final de capítulo se describen las técnicas para asignar las demandas a cada nudo.

Dos aspectos con fuertes implicaciones sociales son la demanda de incendios y el periodo de diseño. Ambos requieren inversiones fuertes de dinero que quizás pudieran estar mejor empleadas en otros problemas de la población, como por ejemplo la vacunación o el alumbrado. Se trata pues de encontrar un compromiso que evite seguir ciegamente los estándares occidentales.

**La demanda es una profecía autocumplida**. Si has diseñado correctamente la red, lo que hayas planeado para la población es lo que van a recibir. Asegúrate que la cantidad por persona se ajusta realmente a la población. Si no planificas la red adecuadamente, es la población la que tendrá que adaptarse a la red y no al revés. perturbando la vida cotidiana de la gente, la dificultando la asistencia al colegio, etc.

▶ https://youtu.be/HaUFU9Pm1Uc     (Design overview)

## Población actual vs. Población futura... ¡aouch!

Cuando se planea una red, se hace teniendo en cuenta la población a ciertos años vista, normalmente 30. Para estimar la población futura, se usan fórmulas que la proyectan en el tiempo según su tasa de crecimiento para dar gráficas como la que se muestra en la figura. Si en el año 2001 la población es de 90.000 habitantes, en el 2036 según la fórmula geométrica en unos 230.000.

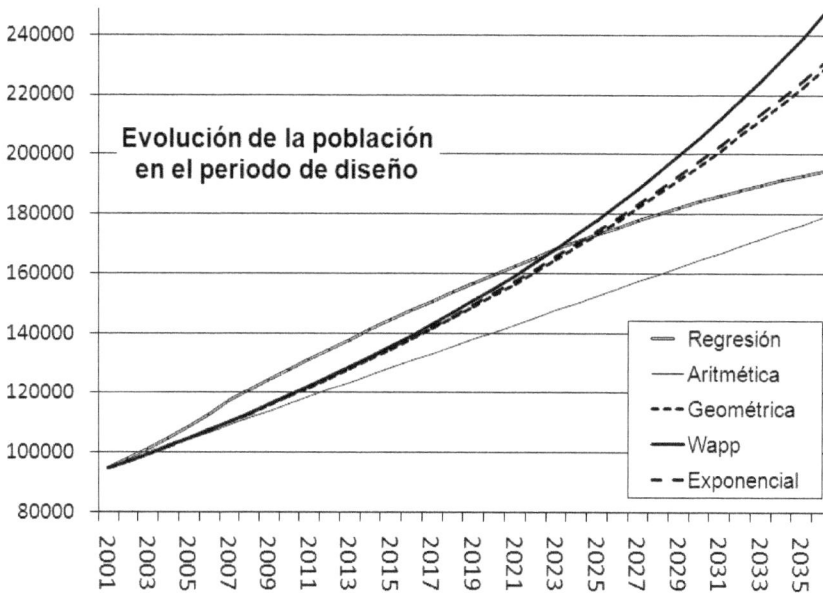

Pero las cosas no son tan sencillas y aquí empiezan las preguntas difíciles, por ejemplo:

- ¿Es correcto atender a las necesidades de una población que estará allí 30 años más tarde si ello implica olvidar algunas necesidades de la población actual?

- Si la red se hace sin tener la población futura en cuenta se quedará obsoleta antes de haber sido amortizada, pero si se hace demasiado grande... ¿no se corre el peligro de que la población no la pueda mantener?

No hay una respuesta clara a estas preguntas, pero hay formas de abordar estos temas. Algunas ideas siguen:

1. **Diseña redes fácilmente ampliables**. Esto implica generalmente hacer anillos grandes en lugar de trazados arborescentes y no instalar tuberías menores de 100 mm. Como ves en la gráfica, los gastos de instalación son proporcionalmente muy grandes para diámetros pequeños y acaba siendo preferible instalar tuberías mayores con muy poco coste adicional.

### Gasto Tubería vs Instalación

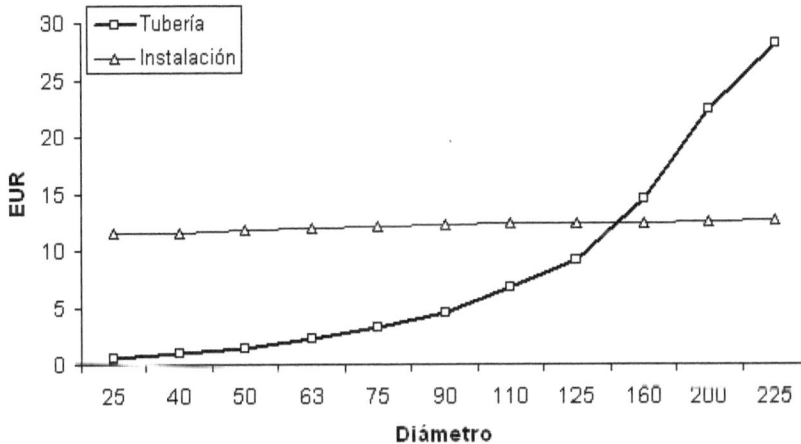

(Tubería PEAD respecto a instalación, excavación y
lecho de arena, precios Afganistán 2002).

2. **Usa materiales plásticos** en las redes con gran potencial de crecimiento. Estas tuberías aumentan poco de precio al aumentar el diámetro si se las compara con las metálicas. Una vez asumido el coste de excavación de las zanjas y de material de relleno, instalar tuberías mayores no es comparativamente demasiado caro (ver capítulo 8).

3. Para asentamientos urbanos, **usa densidades tope** en lugar de proyecciones. Si la población en los alrededores no tolera densidades mayores que tantos habitantes por km$^2$, la población a servir será el producto de multiplicar el área de trabajo por la densidad, por ejemplo:

$$8 \text{ km}^2 \times 1650 \text{ personas} / \text{km}^2 = 13.200 \text{ personas.}$$

4. **Planifica la construcción en dos fases**. Usando la tarificación, puedes determinar cuántos años necesita el sistema para ahorrar el dinero necesario para poder financiar una ampliación posterior (segunda fase). Un ejemplo muy simplificado: si las entradas en caja netas de la empresa del agua son 10.000 €/año y hace falta una inversión de 120.000€ adicionales para adaptar la red a las necesidades a 30 años vista, diseña por lo menos para 12 años, mejor con algunos años de colchón.

## Fórmulas de proyección

Aritmética:

$$P_f = P_o \left( 1 + \frac{i * t}{100} \right)$$

Geométrica

$$P_f = P_o \left( 1 + \frac{i}{100} \right)^t$$

Exponencial

$$P_f = P_o * e^{\left( \frac{i * t}{100} \right)}$$

$P_f$ , Población futura

$P_0$ , Población actual

i , tasa de crecimiento en %

t , tiempo en años

e , Número e, 2,718...

Esta tabla, sacada de la Norma Boliviana NB689, contiene recomendaciones de aplicación de cada una de ellas.

| Método | Población (habitantes) | | | |
|---|---|---|---|---|
| | Hasta 5.000 | 5.000-20.000 | 20.000-100.000 | > 100.000 |
| Aritmético | X | X | | |
| Geométrico | X | X | X | X |
| Exponencial | X [2] | X [2] | X [1] | X |
| Curva logística | | | | X |

[1] Optativo, recomendable
[2] Sujeto a justificación

https://youtu.be/rYebTYrpNeg          (Population growth)

# Determinación de la demanda total diaria

A continuación, y durante algunas secciones se expone cómo se construye la demanda que EPANET utilizará. Sólo serás capaz de introducir valores de demanda cuando llegues al final de la sección "Coeficiente Global". Una vez hayas llegado serás capaz de introducir los parámetros:

1. Demanda base.
2. Curva de modulación.
3. Tipo de demanda.

No hay una receta rápida para determinar la demanda de cualquier población. Varía mucho de una población a otra y de unas condiciones a otras y necesitarás sentido común, sobre todo para distribuirla espacialmente. Si hay algún sistema cercano puedes hacerte una idea, pero ojo, los datos existentes no suelen ser correctos. En emergencias, por ejemplo, los datos se prestan mucho a manipulación para engatusar a los donantes. En condiciones normales es altamente desconocido y generalmente basado en cuánto se produce, no cuánto se consume. A modo de orientación estas son las **cifras mínimas** con las que trabajar. Insisto, representan lo que les llega a las personas, no lo que se produce en sondeos, pozos, etc.:

| Consumos mínimos diarios (l/un) | |
|---|---|
| Persona | 50-100 |
| Escolar | 5 |
| Paciente Ambulatorio | 5 |
| Paciente Hospitalizado | 60 |
| Ablución | 2 |
| Camello (una vez por semana) | 250 |
| Cabra y oveja | 5 |
| Vaca | 20 |
| Caballos, mulas y burros | 20 |

El coste de esta cantidad debe poder ser asumible por las familias (máximo el 3-5% de los ingresos familiares).

Un consumo a investigar para evitar sorpresas desagradables, es el de los pequeños huertos. Las especies típicas consumen alrededor de 5 mm/m². Recordando que 1 mm/m² es lo mismo que 1 l/m², un pequeño huerto de tan solo 20 m² ya consume 100 litros diarios. Si la costumbre de tener huertos está extendida puede representar una parte considerable del consumo total.

En la práctica, se tenderá a proporcionar la mayor cantidad de agua que:

- no produzca problemas ambientales (encharcamiento, sobreexplotación…),
- las personas estén dispuestas a pagar y,
- con un coste adaptado a la economía local.

**Atención, este no es el valor que se debe meter como demanda base**, es sólo el punto de partida para calcularla.

Resumiendo, si tengo 2 cabras, 3 personas rurales y un burro, la demanda total diaria es:

| | | |
|---|---|---|
| 2 cabras  x  5 l/cabra | = | 10 l |
| 3 personas  x 60 l/ persona | = | 180 l |
| 1 burro  x  20 l/burro | = | 20 l |

---------------------------

210 litros por día

## El efecto de la distancia

Presta atención que lo que sigue tiene un efecto dramático sobre como planteas la red de agua. La mayoría de manuales de diseño de redes de agua asumen que el agua se lleva directamente a las casas, pero esto no es así en muchos contextos de renta media o baja. **Puedes planificar 100 litros por persona, pero si esta se encuentra lejos del punto de recogida del agua no irá a recogerla.** ¡Y con lejos, no me refiero a 7 kilómetros, me refiero a 30 m!

Si se traza la cantidad de agua recolectada en un hogar respecto al tiempo necesario para cada viaje al punto de agua, se obtendría un gráfico similar a este. En la primera parte (de 0 a 3 minutos aproximadamente), el consumo de agua cae muy rápidamente desde los grifos que están en la casa hasta unos 20 metros. Luego viene una meseta donde se recoge una cantidad constante de agua sin importar la distancia. De usar el agua casi sobre la marcha a medida que la necesitan, pasan a decidir hacer un cierto número de viajes. Tal vez un cubo por persona, tal vez sólo lo suficiente para llenar almacenamiento que tienen en casa. En la tercera parte (a partir de 30 minutos) se produce una nueva caída.  Cuando la distancia se incrementa más allá de un umbral, la gente simplemente recoge el agua que le permite su tiempo y su energía, que normalmente es una cantidad muy baja.

**Agua recogida vs. tiempo total viaje**

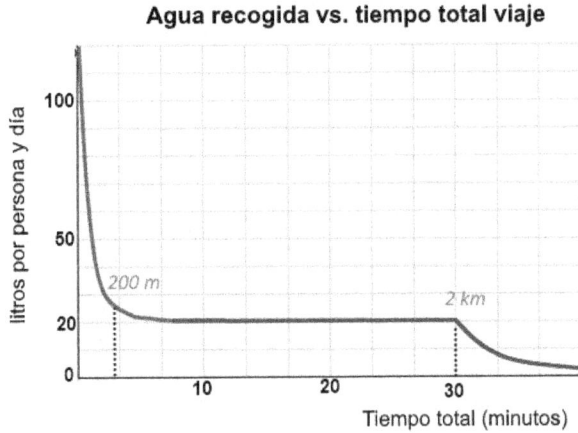

La última fase es un fracaso total, sin beneficios de la inversión. La parte media es difícil de catalogar.  Para hacerlo visible piensa en un **concepto de pérdida de avances sociales** análogo al de pérdida de la cabeza hidráulica[1]. A pesar de que está recogiendo la misma cantidad de agua, **cuanto más largo sea el camino, más beneficios sociales del proyecto se pierden.** Incluso si se recoge la misma cantidad de agua, las caminatas más largas significan menos tiempo para atender a los niños, para ir a la escuela o para hacer cualquier otra actividad de alto valor. Mayores distancias y desniveles conllevan mayor gasto calórico. El vínculo con la seguridad alimentaria pasa frecuentemente desapercibido, pero en algunos contextos los niños **llegan a invertir el 25% de su ingesta calórica en recoger agua**.

▶ https://youtu.be/Vq2c3P30FSA          (Base demand)

# Los multiplicadores

Los consumos no son constantes. Las personas se levantan, se acuestan, se van a trabajar cada una a su antojo y conveniencia. Para poder representar las variaciones diarias, semanales y mensuales de una manera cómoda se recurre al concepto de multiplicador.

---

[1] Getting ahead loss vs. head loss

Un multiplicador es un número que multiplica el consumo medio de una población para dar el consumo real en la franja de tiempo considerada (ej. una hora). Así, si el consumo medio es 100 litros/hora y se están consumiendo 50 entre las 12:00 y las 13:00, el multiplicador es 0,5 de forma que

| 100 litros | x | 0,5 | = | 50 litros |
|---|---|---|---|---|
| **Demanda media** | **x** | **multiplicador** | **=** | **Demanda real** |

El uso de multiplicadores permite simplificar y automatizar los cálculos. Imagina que quieres ver lo que pasa con un modelo al proyectarlo en el futuro cada 5 años. Sin multiplicador tienes que ajustar el consumo de cada una de las 24 horas del día para cada cálculo. Es decir, si el consumo aumenta un 38,5% tendrás que multiplicar por 1,385 el consumo de cada hora del día. Si has utilizado multiplicadores, dejas los 24 multiplicadores como están y simplemente ajustas el consumo medio multiplicándolo por 1,385 ahorrándote 23 multiplicaciones.

Se ha hablado de utilizar el consumo medio. En realidad, puedes hacer multiplicadores respecto a cualquier número, pero para la demanda, lo más lógico es tomar el consumo medio. Si estuvieras utilizando multiplicadores para definir lo que una bomba bombea las distintas horas del día, entonces sería más sencillo usar el caudal que bombea (por ejemplo 8 l/s) cuando funciona en vez del caudal medio del día. Si estuviera encendida las primeras ocho horas del día,

los multiplicadores serían:  1 1 1 1 1 1 1 1 0 0 0 0 0 0 0 0 0 0 0 0 0 0 0 0
…y los caudales:  8 8 8 8 8 8 8 8 0 0 0 0 0 0 0 0 0 0 0 0 0 0 0 0 l/s

Esto es mucho más visual por ser binario, 1 es "encendido" y 0 es "apagado".

# El patrón de consumo diario

Has calculado lo que los usuarios consumen en un día, pero **la forma de consumir el agua en ese día es tan importante como la cantidad total**. La figura a continuación muestra la variación de consumo según la hora del día de veinte usuarios urbanos en Bolivia. Aunque cada uno consume de manera diferente, se observan algunas tendencias. Por ejemplo, el consumo por la noche, de 0:00 a 6:00 es muy bajo.

Esas tendencias se resumen en el **patrón de consumo** que sigue:

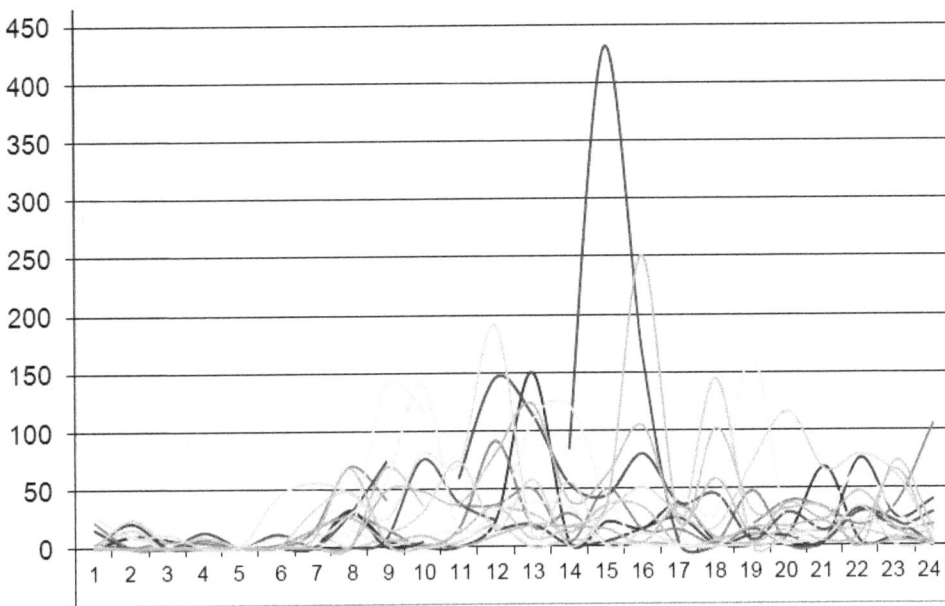

La forma de construcción es relativamente sencilla:

1.  Se toman las medidas durante 24 horas en ciertos puntos. Para que tenga validez estadística tienen que ser al menos 30 puntos.

2.  Se halla la media por franja horaria, lo que requiere a veces tomar la decisión de si un consumo que despunte se elimina o no. Es posible, por ejemplo, que haya un gran consumidor cada 30 consumidores que dé un pico que no se debe a un error (ej. un puesto de tés o un lavadero de coches). Antes de eliminarlos se debe meditar bien la decisión. Si se quiere hilar fino, se puede ver qué valores son anómalos en un test estadístico de valores fuera de rango (ej. Grubbs).

Las tendencias ahora quedan reflejadas de esta forma que EPANET llama curva de modulación y nosotros hemos llamado patrón de consumo. La línea punteada es el consumo medio.

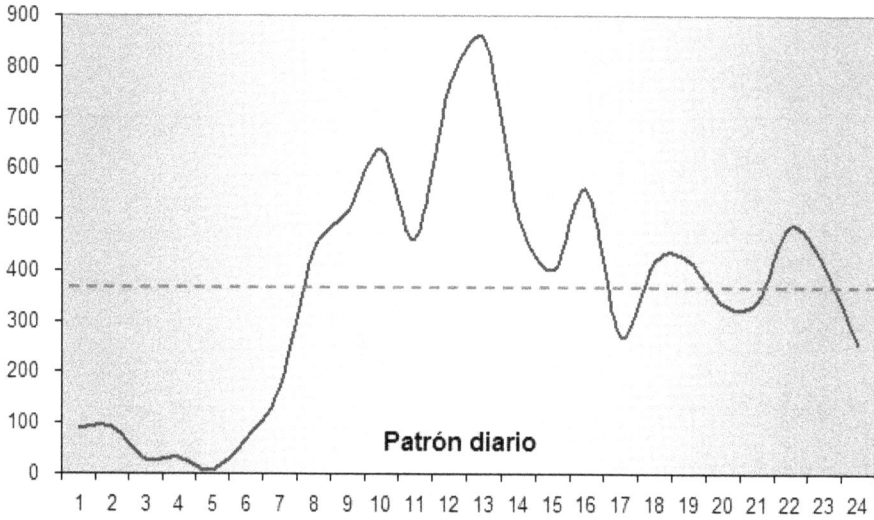

Para que EPANET pueda entender las tendencias, se deben expresar en forma de multiplicadores, uno para cada franja horaria. En el apartado que sigue vas a ver un ejemplo paso por paso.

Si los multiplicadores están bien hechos, su media es 1 y su suma 24. Una vez listo, se introduce en EPANET yendo al visor y seleccionando en la pestaña de datos *Curvas de modulación*.

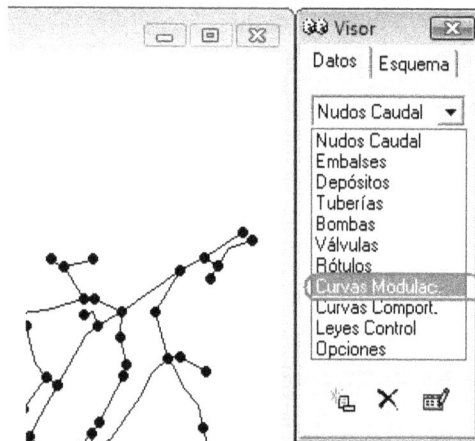

Allí, pulsa el botón *nueva*, para abrir el diálogo:

Al añadir los multiplicadores para cada hora, se va dibujando un diagrama de barras que corresponde a patrón de consumo diario.

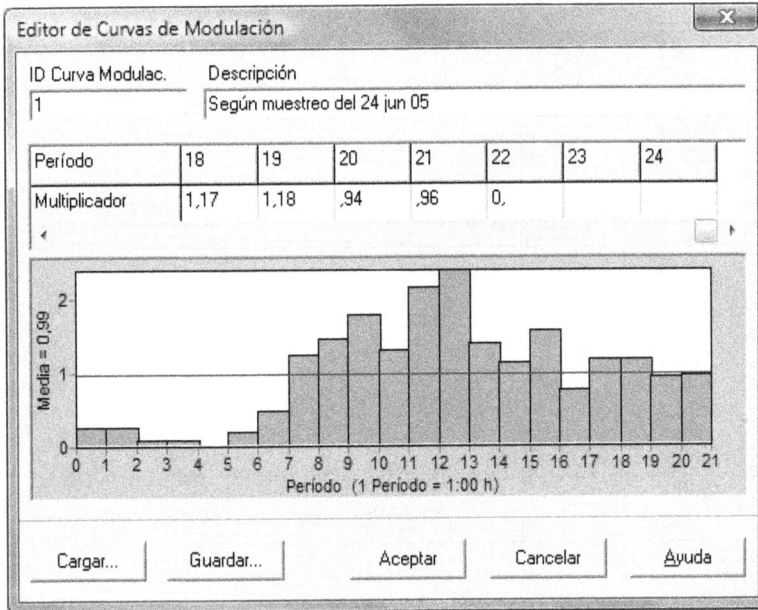

Si a esta curva de modulación o patrón le llamas "1", debes introducir "1" en la propiedad *Curva Modul. Demanda* de los nudos que consuman según ella.

El multiplicador más alto es el **coeficiente diario** que tiene una importancia muy grande en el cálculo. En el ejemplo, aunque está oculto es 2,39.

▶ tiny.cc/arnalich

Échale un vistazo al canal para ver futuros videos sobre el tema

## Ejemplo de cálculo de un patrón de consumo diario

Tras haber realizado mediciones en el terreno, los consumos registrados por franja horaria se muestran en la primera columna. Los siguientes pasos son:

| | Consumo medido | Multiplicador |
|---|---|---|
| 0:00 | 1800 | 0.20 |
| 1:00 | 700 | 0.08 |
| 2:00 | 200 | 0.02 |
| 3:00 | 300 | 0.03 |
| 4:00 | 500 | 0.06 |
| 5:00 | 1200 | 0.13 |
| 6:00 | 3000 | 0.34 |
| 7:00 | 8000 | 0.90 |
| 8:00 | 15000 | 1.68 |
| 9:00 | 12000 | 1.35 |
| 10:00 | 6000 | 0.67 |
| 11:00 | 5000 | 0.56 |
| 12:00 | 16000 | 1.80 |
| 13:00 | 23000 | 2.58 |
| 14:00 | 32000 | 3.59 |
| 15:00 | 25000 | 2.81 |
| 16:00 | 11000 | 1.24 |
| 17:00 | 7000 | 0.79 |
| 18:00 | 8000 | 0.90 |
| 19:00 | 9000 | 1.01 |
| 20:00 | 10000 | 1.12 |
| 21:00 | 9000 | 1.01 |
| 22:00 | 7000 | 0.79 |
| 23:00 | 3000 | 0.34 |
| **TOTAL** | 213700 | 24 |
| **Consumo medio horario** | | 8904 |

1. Obtén el consumo total del día sumando los consumos de cada franja horaria:

   1800 + 700 + 200 + …+3000 = 213.700 l.

2. Obtén el consumo medio horario, dividiendo el total entre 24 horas:

   213.700 l. /  24 horas = 8904 l/h

3. Finalmente obtén el multiplicador de cada hora dividiendo el consumo de la hora en cuestión por el consumo medio:

   0:00  → 1800 / 8904 = 0,20
   1:00  → 700 / 8904 = 0,08
   2:00  → 200 / 8904 = 0,02
   …..        …..        ……
   23:00 → 3000 / 8904 = 0,23

4. Para terminar, descarta un error comprobando que la suma de multiplicadores es igual a 24:

   0,2 + 0,08 + … + 0,34 = 24

## Cuando no hay datos

A veces no es posible obtener datos del terreno, porque no haya contadores o simplemente porque no hay sistema de agua que permita medir consumos. Hay tres maneras de proceder:

a. Asumes que la población se adapta a un **patrón genérico**. Algo que se asemeje a la boa comiéndose un elefante de *El principito* no estará muy lejos de la realidad:

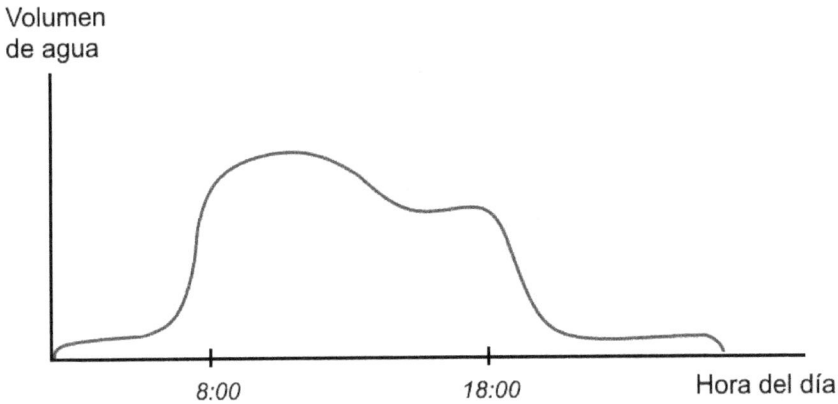

ontextos más empobrecidos tienden a favorecer un consumo mayor por la mañana respecto a esta imagen, con un valle más acentuado a medio día. En cualquier caso, la forma exacta de la curva tiene más importancia para dimensionar un depósito de agua que para dimensionar la red.

**b.** Asumes un **multiplicador total genérico** que resuma los picos diarios, semanales, mensuales, etc., (se ve más adelante) alrededor entre 3.5 y 4.5 para el coeficiente global, y entre 2 y 3 para el diario.

**c. Encuestas a la población.** Una técnica sencilla y muy visual es que hagan montoncillos con 100 granos de maíz según horas. Si para la tarde hay 40 granos, se consume el 40% del agua. Desafortunadamente, las personas son muy poco conscientes de cómo usan el agua.

## Introduciendo diferentes demandas

Ten en cuenta que **no existe un sólo patrón de consumo**. Llevado al extremo cada usuario tiene su propio patrón. En la práctica, con unos pocos patrones se incorporan todos los grupos significativos.

Por ejemplo, compara el **consumo oficial**, mayoritariamente en horas de oficina,

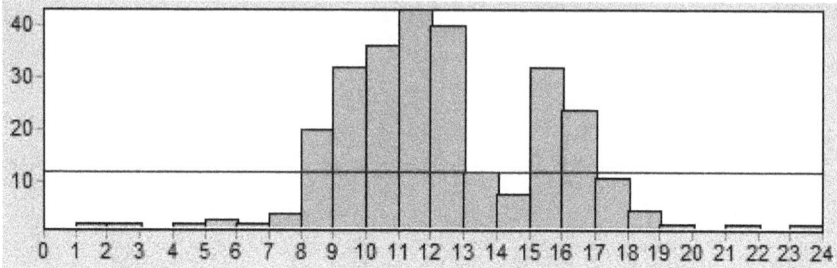

con el de un **restaurante**, que tiene los picos coincidentes con las comidas,

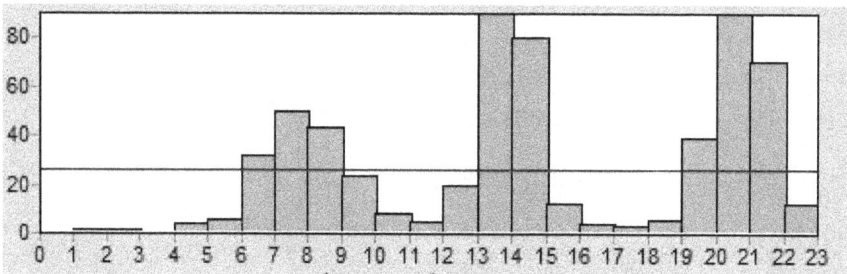

y, para terminar, con el de una **industria que trabajara de noche** por el exceso de calor:

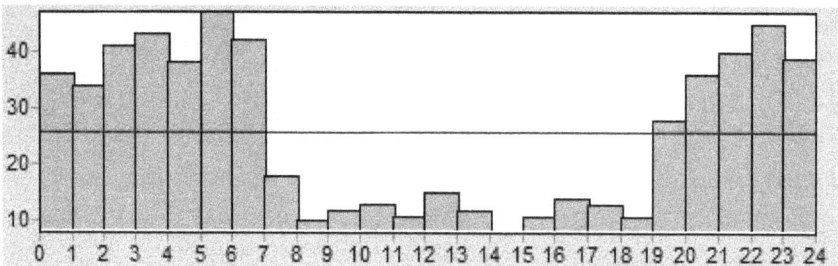

Un mismo nudo puede abastecer a varias familias con demanda tipo consumidor, y a un taller con demanda tipo industrial. Esto se hace con el parámetro "Tipos de demanda" en las propiedades del nudo, que abre el siguiente diálogo:

La demanda de este nudo es la suma en cada hora de la demanda tipo consumidor de 0,35 que se aplicará según la curva de modulación 1 y de la tipo industrial, 1,2, que se aplicará según la curva de modulación 2.

# El patrón de consumo semanal

Se procede parecido al de consumo diario, pero con algunas diferencias:

- No interesa construir el patrón entero, sólo la diferencia entre el día de la medida del patrón diario y el máximo semanal. Para "pasar" los consumos del día de nuestra medida al día de la semana que más se consume, se usa un coeficiente que se llama **coeficiente semanal**. Si se midió un sábado, cuyo multiplicador es 1,18 y el día de mayor consumo de la semana es el miércoles (cuyo multiplicador es 1,35) el coeficiente semanal se averigua de la siguiente manera:

Cs = multiplicador mayor / multiplicador del día de la medida

Por ejemplo:   Cs = 1,35 / 1,18 = **1,154**

- Es difícil tener datos, ya que realizar medidas durante una semana es agotador y no suelen registrarse estos consumos. En la práctica, salvo que la población tenga un marcado patrón semanal, no contribuye mucho al resultado.

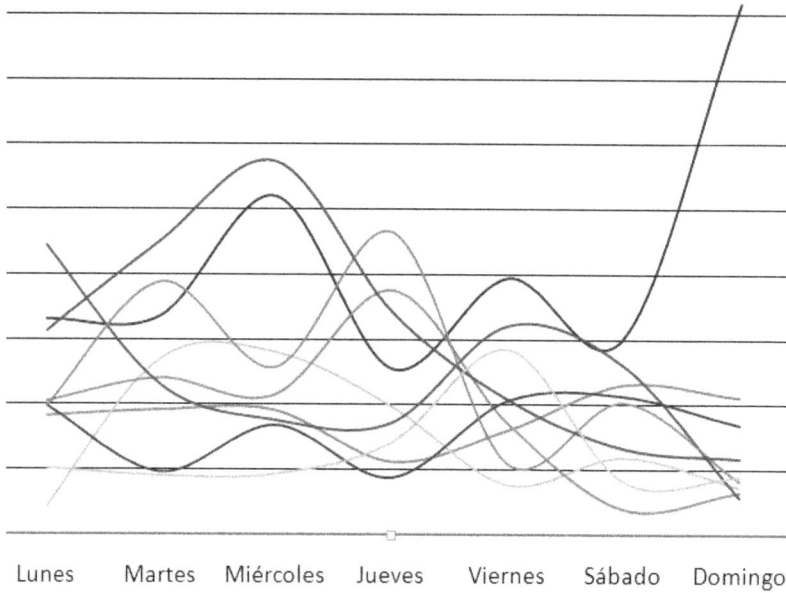

| Lunes | Martes | Miércoles | Jueves | Viernes | Sábado | Domingo |

El valor del multiplicador semanal no se introduce en EPANET como tal. Enseguida vemos como se usará.

## El patrón de consumo mensual

Este patrón sí que es muy importante. La buena noticia es que casi siempre que haya redes se conocerá, ya que se tiende a pasar las facturas mensualmente. La forma de proceder es exactamente la misma que para el semanal. Así se haría este ejemplo:

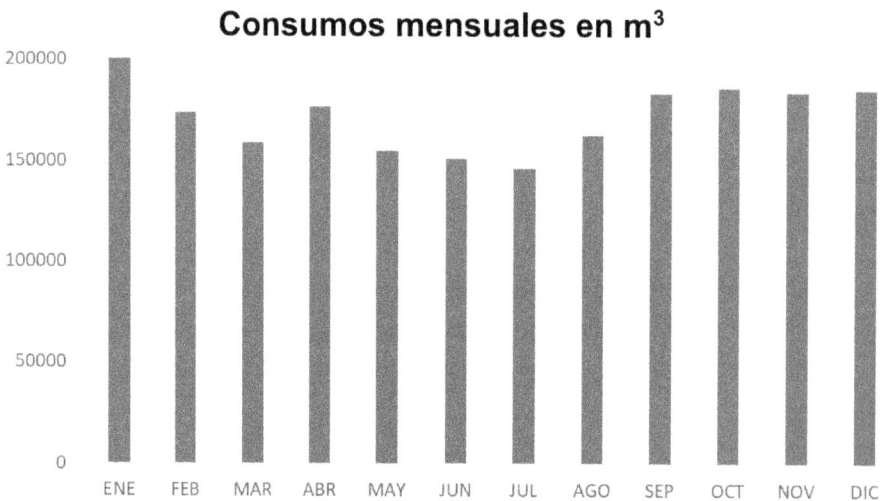

**Consumos mensuales en m$^3$**

| | m3 | Multipl. |
|---|---|---|
| ENE | 200282 | 1.17 |
| FEB | 173683 | 1.01 |
| MAR | 158623 | 0.92 |
| ABR | 176411 | 1.03 |
| MAY | 155099 | 0.90 |
| JUN | 150940 | 0.88 |
| JUL | 146069 | 0.85 |
| AGO | 162857 | 0.95 |
| SEP | 183607 | 1.07 |
| OCT | 185982 | 1.08 |
| NOV | 183865 | 1.07 |
| DIC | 185429 | 1.08 |
| Media | 171904 | |

Si el mes de la medida ha sido Julio con un multiplicador de 0,85 y el máximo de 1,17 corresponde al mes de enero, el coeficiente mensual queda:

$$C_m = 1,17 / 0,85 = 1,376$$

Nuevamente, el valor del multiplicador mensual no debe introducirse en EPANET como tal.

## Corrección por consumo no medido

Se trata del agua que se pierde por las fugas, las conexiones ilegales, algunos servicios públicos, etc.

Para determinarlo de manera aproximada, basta comparar el agua que se ha producido con la que se ha medido. La diferencia es el consumo no medido. Para redes nuevas se estima en un 20%. Así, el multiplicador para una red nueva sería 1,2. Si los usuarios consumen 10 l/s, por ejemplo, hay que contar con que la tubería debe en realidad transportar 12 l/s, y que 2 l/s se perderán por el camino como consumo no medido:

$$10 * 1,2 = 12$$

Si la red es homogénea es sencillo. Se distribuye el consumo no medido entre todos los nudos por igual. Si hay partes de la red más antiguas el consumo no medido aumenta con la antigüedad de las tuberías. Si la presión de una zona es mayor perderá más agua. En ambos casos, se puede establecer un multiplicador distinto para cada una de las zonas diferentes.

El valor del consumo no medido no debe introducirse en EPANET como tal.

# Coeficiente global

Hemos dicho que las redes se calculan para la hora punta del día de la semana y el mes que más se consume. La manera de hacer esto es multiplicar todos los coeficientes que hemos ido obteniendo según el tipo de análisis que hagamos, la foto (estático) o la sucesión de fotos (cuasi-estático).

a. El análisis estático multiplica todos los coeficientes.

$C_{global}$ = $C_{diario}$ x $C_{semanal}$ x $C_{mensual}$ x $C_{consumo\ no\ medido}$
$C_{global}$ = 2,39 x 1,15 x 1,37 x 1,2 = **4,54**

Si la demanda media para la población futura era 100 l/h, la máxima que tendrá que afrontar el sistema es:

100 l x 4,54 = 454 litros / hora = 0,126 l/s

Este es el valor que debería repartirse entre los nudos, como se ve en la sección "Asignando la demanda a los nudos", para poder introducir el parámetro demanda base en cada uno de ellos.

b. El análisis cuasi-estático multiplica todos los coeficientes menos el diario. Eso se debe a que va a ir aplicando los multiplicadores del patrón diario a cada hora, y el multiplicador de cada hora no tiene por qué ser el máximo.

$C_{global}$ = $C_{semanal}$ x $C_{mensual}$ x $C_{consumo\ no\ medido}$
$C_{global}$ = 1,15 x 1,37 x 1,2 = **1,9**

Si la demanda media era 100 l / hora, las demandas respectivas serán:

| | | |
|---|---|---|
| 0:00 | 100 l/hora * 0,2 * 1,9 | = 38 l/hora |
| 1:00 | 100 l/hora * 0,35 * 1,9 | = 66,5 l/hora |

...    ...    ...    ...    ....

12:00   100 l/hora * 2,39 * 1,9 = **454 l/hora**      ¡Pico de consumo!

...      ...          ...      ...     ....

23:00   100 l/hora * 0,4 * 1,9    = 76 l/hora

Habrás observado que en los dos casos el pico es el mismo, 454 l/hora.

No hace falta añadir un coeficiente de seguridad ya que las redes calculadas así suelen estar sobredimensionadas[1].

# Recapitulando

Vamos a ver un ejemplo muy sencillo para recapitular lo visto hasta ahora:

1. La población a cubrir, todos consumidores normales, tiene 10.000 personas.

2. Has decidido que lo razonable es proyectar la población a 15 años. Aplicando las fórmulas, la población de diseño se convierte en 18.000 personas.

3. La demanda total es 18.000 personas x 50 litros por persona = 900.000 litros

4. La demanda media expresada en litros por segundo es:
   900.000 litros * 1 día / 86.400 segundos = 10,4 litros/ segundo

5. Has calculado que el coeficiente semanal es 1,1, el mensual 1,4 y el correspondiente a consumo no medido es 1,2. La demanda corregida es:

   10,4 litros/ segundo * 1,1 * 1,4 * 1,2 = 19,25 l/s

6. Si tienes 10 nudos, y has optado por asignar la demanda homogéneamente (próxima sección) queda:

   19,25 l/s / 10 nudos = 1,925 l/s*nudo

7. Has construido tu patrón de consumo y el multiplicador más alto del día es 2, es decir, durante esa hora del día se consume el doble que la media.

---

[1] Cohen, J (1993). *New trends in distribution research. Dynamic calculation and monitoring.* Water Supply Systems. State of the art and future trends p213-250.. Computatinal Mechanics Publications. Southampton

8. Ahora puedes tomar dos caminos según el tipo de análisis que quieras realizar:

a). Si quieres realizar un análisis estático de la hora punta, la demanda a introducir en el diálogo de propiedades es el producto de la demanda media corregida por nudo y el multiplicador más alto del día:

1,925 l/s*nudo * 2 = **3,85 l/s**

| *Cota | 0 |
|---|---|
| Demanda Base | 3,85 |
| Curva Modul. Demanda | |

b). Si quieres realizar un análisis extendido, la sucesión de los análisis estáticos de las 24 horas del día y no sólo de de la hora punta, la demanda a introducir en el diálogo es directamente la que has obtenido en el punto 6, **1,925 l/s** además de añadir la curva de modulación o patrón calculado en 7, llamado "**1**" señalado con la flecha.

| *Cota | 0 |
|---|---|
| Demanda Base | 1,925 |
| Curva Modul. Demanda | 1 ← |
| Tipos de Demanda | 1 |

# Enfoques en el cálculo de la demanda de diseño

*Presta atención a todo este apartado que es clave.*

## A. Variaciones temporales

Es el proceso que se ha descrito a lo largo de todo el capítulo (variaciones diarias, semanales, mensuales…)

## B. Simultaneidad

Cuando un sistema es pequeño, usar el caudal medio como se acaba de describir lleva a instalar tuberías demasiado pequeñas. Imagina un único grifo al final de una tubería con un caudal de 0,2 l/s. Si al final de un día ha suministrado 50 litros, su caudal medio será muy pequeño:

50 l / 24 h * 3600 s/h =  0,00058 l/s

Y, sin embargo, en el momento que se abre el grifo, la tubería tiene que transportar 0,2 l/s... ¡casi 350 veces más caudal!

Esta diferencia entre el caudal medio y el instantáneo se va haciendo cada vez menor a medida que aumenta el número de usuarios. Si un usuario en concreto abre o no un grifo va perdiendo importancia en la masa general. Para tener en cuenta el efecto, se usan coeficientes de simultaneidad (Arizmendi 1991):

**Multiplicador**

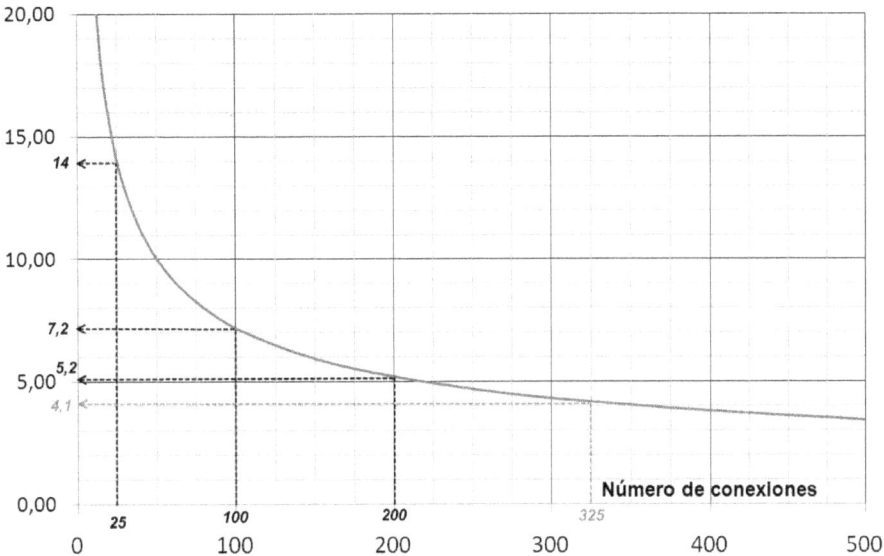

Observa que hacia las 250 conexiones toma valores similares a los que mencionábamos como normales para el coeficiente global de las variaciones temporales, (3,5-4,5), Es decir, alrededor de esta cantidad la tubería se puede tomar como que esta funciona según variaciones temporales.

Este efecto ocurre en cada tubería. Aunque la red tenga muchos usuarios, si en una rama concreta sólo hay 35 conexiones, hay que tener cuidado con la simultaneidad.

La mala noticia es que simultaneidad y EPANET son incompatibles porque ya no se cumple el balance de masas. En otras palabras, el caudal de una tubería ya no es necesariamente el mismo que el caudal que se reparten las tuberías aguas abajo de ella ya que cada una tiene su coeficiente de simultaneidad particular. Se trabaja con el artificio de que el agua se crea o se destruye y a EPANET esto se le atraganta.

La manera más simple de evitar problemas es tener un **diámetro mínimo** en toda la red (mínimo 63 mm, mejor si es mayor). Instalar diámetros mínimos también es muy positivo para la protección contra incendios.

Otra opción es la que sigue…

## C. Todos los grifos abiertos

Se asigna un grifo a un número determinado de personas y se trata de suministrar el caudal a todos los grifos necesarios simultaneamente. Por ejemplo, un grifo de 0,2 l/s cada 250 personas.  Si un punto de EPANET representa una fuente pública con 3 grifos, entonces introducirías 0,6 como demanda base y no aplicarías ningun multiplicador ni patrón de consumo.

Este es el enfoque en emergencias, campos de refugiados, y otras situaciones donde se esperan colas. En las redes pequeñas, si tienes presupuesto, la opción es usar diámetros mínimos. Si como es tan frecuente andas muy justo de presupuesto, entonces calcula la red a grifos abiertos.

## Cuándo usar cuál

Elegir el método para obtener los caudales máximos a distribuir se reduce, en la mayoría de ocasiones, a 3 preguntas como te muestra este diagrama de flujo:

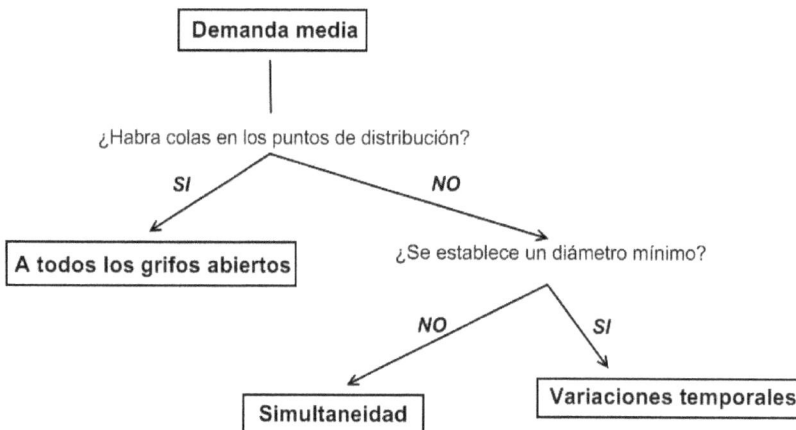

En cualquier caso, **evita instalar tuberías demasiado pequeñas, especialmente cuando el trayecto es largo**. Instalar una tubería de 25 mm sobre 2 km de distancia por ejemplo, es una muy mala idea. Se acabará atascando y luego es muy dificil averiguar dónde. Además, las tuberías de entre 12 y 63 mm son muy intolerantes con pequeñas variaciones en la demanda, o alteraciones de su diámetro por deposición de cal. ¡Mucho ojo con ahorrar dinero aquí! A la población pronto le va a salir muy caro.

▶ https://youtu.be/Jt6nGTZ5CgE          (Design flow)

# Asignando la demanda a los nudos

En los últimos apartados hemos visto cómo se determina la demanda pico y a qué proyección de población aplicársela. Tanto o más importante es cómo repartir esa demanda entre los distintos nudos, hacer **la distribución espacial de la demanda.** Tengo una demanda pico de 43 l/s, ¿cómo distribuyo esa demanda entre los 67 nudos que tiene mi dibujo?

La manera de dibujar la red (el número de nudos y su distribución espacial) hace que la demanda sea diferente por nudo en cada caso. **Asignar la demanda correctamente es uno de los pasos claves para obtener un modelo preciso.**

Básicamente tienes estas opciones y las combinaciones de ellas:

## 1. Asignación punto a punto

A cada usuario se le asigna su consumo. Esta opción consigue modelos tan precisos como laboriosos. Es adecuada para redes pequeñas o la red interior de un edificio. Como no puedes asignar el consumo a un usuario futuro, es adecuado sólo para redes con poco potencial de crecimiento. Asignar punto a punto es especialmente recomendable para los grandes consumidores, un hospital, un mercado, una industria

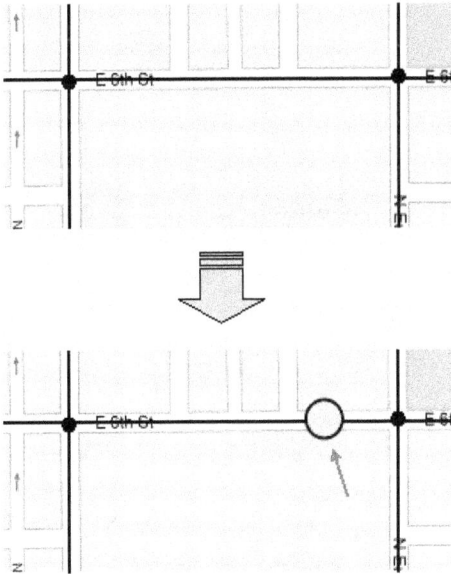

Para hacerlo, se reparten entre los extremos de una tubería todos sus consumos al 50% con dos particularidades.

En el caso de un gran consumidor (nudo grande amarillo), y para representar correctamente la distancia que le separa de los dos nudos más próximos, se divide la tubería para crear un nudo con esa demanda como se muestra en la imagen.

Si hay una rama que parte de un nudo, todo el consumo de esa rama se asigna al nudo (amarillo).

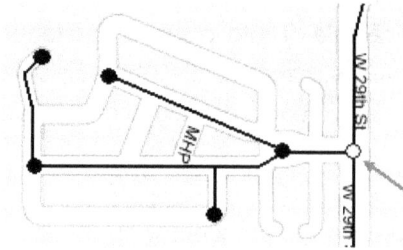

## 2. Asignación por calle

A cada calle se le suman todos los usuarios y se distribuye entre los nudos inicial y final. Se puede hacer por tramos como en la figura, o por metros de tubería. Es decir, si la calle Silverlake tiene 1200 m, estamos considerando un tramo de 120 m y el consumo total medio de la calle es 20 l/s, el tramo considerado tendrá un consumo de 20 l/s / 1200 m * 120 m = 2 l/s, que se repartirán entre los dos nudos.

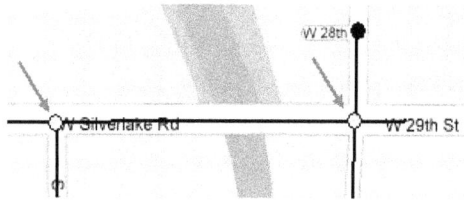

## 3. Asignación por mallas

Todos los consumos del interior de una malla se distribuyen a partes iguales entre los nudos que la cierran. Esta forma de asignar la demanda es particularmente útil si se usan densidades de población, de esta manera:

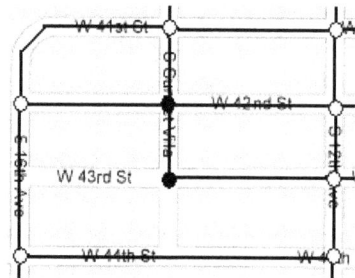

Densidad máxima: 500 hab./km²
Área encerrada por la malla: 2 km²
Número de nudos: 7
Consumo habitante medio: 0,01 l/s

500 hab./m² x 2 km² x 0,01 l/s / 7 nudos = 1,43 l/s en cada nudo.

## 4. Asignación total

En redes muy simétricas con consumidores del mismo tipo, se puede dividir la demanda total por el número de nudos, y asignarle a cada nudo ese resultado.

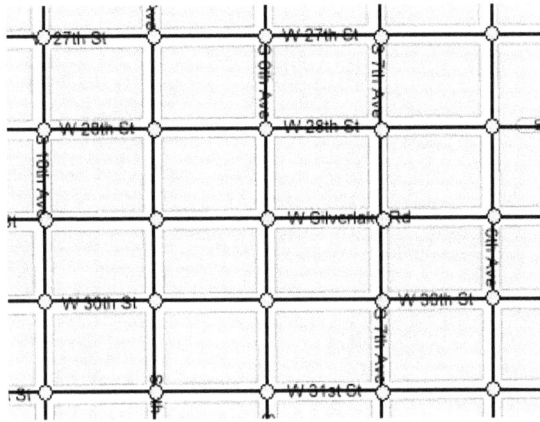

Si el consumo total es 50 l/s y hay 25 nudos, el consumo por nudo es:

50 l/s  / 25 nudos = 2 l/s*nudo

# CAPÍTULO 6

# Modelando la calidad del agua

## Introducción

**Para que el cloro tenga efecto hace falta que las personas <u>lo beban.</u>** Cierto que el cloro no funciona como un fármaco, pero…

a. **Frecuentemente las personas prefieren beber aguas no cloradas**. Si se ha establecido un sistema de agua estupendo pero las personas lo evitan por su sabor a cloro, no se ha conseguido ningún objetivo.

En algunos casos, la gestión de la cloración es tan pobre que los usuarios se quejan directamente de que se les estropea la ropa. Frecuentemente las poblaciones no están acostumbradas al sabor del cloro y lo detectan y rechazan a concentraciones muy bajas. En estos casos, una campaña de marketing muy paciente y un aumento muy gradual de las dosis de cloro desde la no cloración pueden evitar situaciones como las de la imagen, en las que hay personas que prefieren un charco en una carretera. Para que el agua clorada tenga efecto, se la tienen que beber.

c. **Es necesario que el agua esté protegida frente a la recontaminación.** La manera más sencilla es mantener una cantidad de cloro residual en el agua que mantenga el agua desinfectada mientras va entrando en contacto con recipientes sucios, manos, la curiosidad de animales, etc. Esta cantidad se llama **cloro residual** y se fija habitualmente en un intervalo **0,2-0,6 ppm**. Observa como el agua se recontamina en el mismísimo punto de recolección cuando se usan grifos de cierre automático. Estos grifos suelen tener la mala costumbre de lavar las manos del usuario arrastrando la contaminación hacia el interior del contenedor:

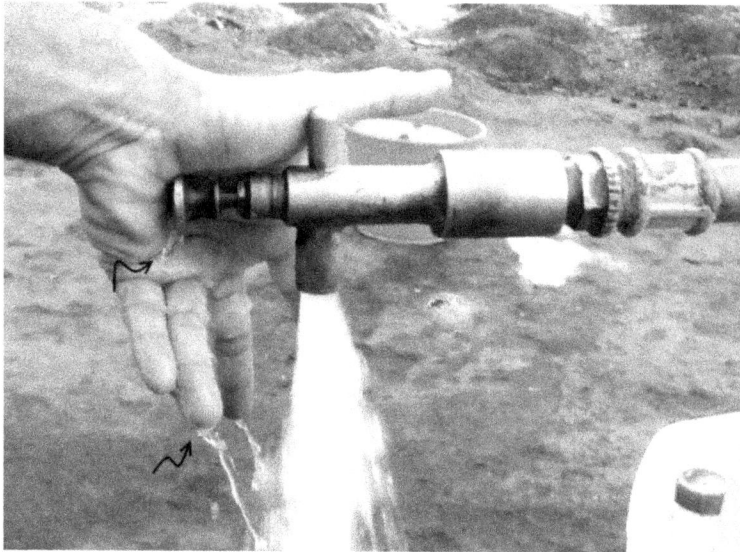

## Una última idea

Quizás la palabra marketing aplicada a cooperación te ha causado rechazo. No subestimes la posibilidad de utilizar marketing para arraigar ideas beneficiosas, sobre todo si son neutras desde el punto de vista cultural y religioso. Algunos ejemplos y la filosofía detrás del uso de marketing se describen brevemente en *"The Critical Villager"* de Eric Dudley.

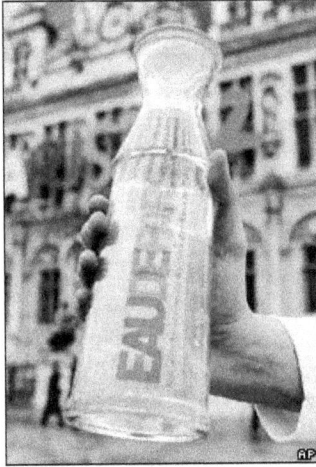

En países desarrollados también hay algunos ejemplos interesantes. Por ejemplo, para evitar saturar el medio ambiente de envases de plástico en París, la Autoridad del Agua puso en marcha la campaña "La carafe de Eau de Paris". Se utilizan envases como el de la imagen para promocionar el consumo de agua pública en Paris, donde el 51% de los habitantes dice beber agua embotellada.

Campañas de marketing adaptadas al contexto podrían potenciar el uso de agua segura frente a fuentes contaminadas.

# ¿Qué parámetros de calidad evaluar con EPANET?

Principalmente dos:

### Envejecimiento del agua

Es una medida de cuánto tiempo pasa el agua dentro de la red. Tiene dos aplicaciones principales:

1. **Asegurar el tiempo de contacto del cloro.** Una de las condiciones que aseguran que el agua es potable es que el cloro haya estado un determinado tiempo en contacto con el agua. Se suele recomendar 30 minutos, pero el tiempo depende de ciertos parámetros, y puede llegar a ser superior a la hora. Mejor seguir algún proceso más fino como el *Log-4 virus inactivation*. Para garantizar este tiempo, se tiende a hacer la cloración antes de la entrada a un depósito.

2. **Evitar la pérdida de calidad con el tiempo.** Con la permanencia en las tuberías la calidad del agua empeora sensiblemente. Es el caso de casas desocupadas durante un tiempo donde se recomienda dejar el agua correr. A modo de orientación, diseña para que **el agua no pase más de 1 día en la red**. Aunque normalmente se recomiendan tres días, lo más probable es que el mantenimiento de la red no sea ideal. Mantener 3 días el agua en una red

en mal estado es bastante arriesgado. Tiempos mayores indican que la red está sobredimensionada, o que tiene una estructura arborescente que facilita el acúmulo terminal de agua. En la página siguiente se muestra un gráfico de edad o envejecimiento del agua para las 12:00 de la mañana. Se puede observar claramente en la imagen que los puntos que indican más de 12h de permanencia están en las partes extremas no malladas de la red.

Esto nos lleva a una conclusión importante: **es en las partes más distantes y no malladas de una red donde los problemas de calidad son mayores**, principalmente porque:

- Aumenta el tiempo de viaje. Como consecuencia, disminuye la concentración de cloro por las reacciones internas, aumenta la posibilidad de contaminación y el envejecimiento se hace patente.

- No hay recirculación o dilución posible ya que el agua sólo viaja en un sentido.

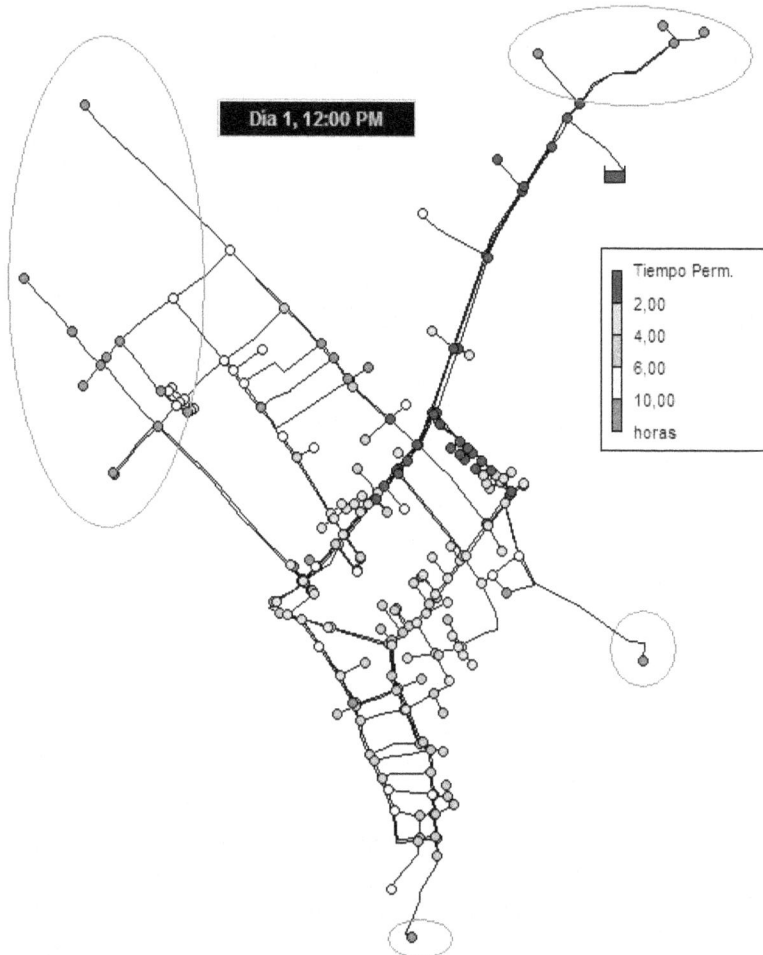

### Concentración de cloro

Ya se ha visto que para evitar que el agua se contamine posteriormente a ser clorada, es necesario mantener unos niveles de cloro residual, como **mínimo 0,2 ppm**. Al aumentar la cantidad de cloro, el agua empieza a tener sabor y las personas la rechazan a favor de fuentes de agua menos seguras. Este valor máximo depende mucho de la población que se trate y si está acostumbrada al cloro o no; se aconseja un **máximo de 0,6 ppm**. La contaminación ocurrirá por abrir los grifos con las manos o por utilizar contenedores sucios y es inevitable.

## Configurando EPANET para análisis de calidad

La primera cosa que debes saber es que todos estos análisis sólo se pueden hacer si estás simulando en periodo extendido o cuasiestático ya que tienes que ver su evolución durante un tiempo.   Encontrarás más detalles en la sección "Análisis estático vs. Análisis en Periodo Extendido" del capítulo 7.

Para comunicarle tu intención de pasar a modo extendido a EPANET, ve al Visor y en la pestaña de Datos, selecciona Opciones. Dentro de ellas selecciona Tiempo.

Esta selección abre este diálogo de la derecha. Modificando la "Duración total" a 72 horas, EPANET calculará todos los estados dentro de las 72 horas. 24 horas es sólo una elección razonable para redes muy sencillas. Para redes con depósitos, análisis de calidad o simplemente por buena costumbre, elige 72 horas. Eso te permitirá observar efectos acumulativos de un día para otro que pasarían desapercibidos en el análisis de 24 horas.

Este es el caso del depósito a continuación, que va acumulando pérdidas de un día al siguiente hasta vaciarse completamente en la hora 68. A partir de aquí, no estará lleno nunca. Tiene dos problemas, es probablemente demasiado grande (altura total comparada con la altura del segundo ciclo) y no tiene suficiente recarga (no se recupera entre ciclos).

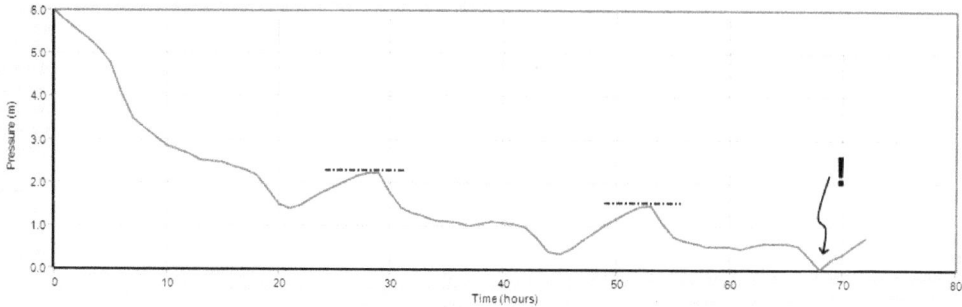

Si la red es estable, después de varios días cicla, es decir, los valores de concentración, presión y niveles de los depósitos al final de cada día son similares, de manera que la red **vuelve a los valores de inicio después de cada ciclo.**

El tiempo que pasa "entre cada fotograma" se llama **Intervalo de cálculo** y aunque puede tratarse de milisegundos, meses lunares o el tiempo medio que tarda tu vecino en pedirte dinero, te recomiendo que sea una hora. Te va a facilitar mucho la vida.

Las poblaciones humanas se organizan en función de las horas del día, el envejecimiento del agua expresado en horas es fácilmente comprensible y la degradación del cloro es lo suficientemente lenta como para que se pueda evaluar también en horas. Si introduces intervalos más pequeños, digamos un minuto, perderás mucho tiempo viendo las 1440 imágenes que construyen la simulación de cada día y, lo más importante, los cambios pasarán desapercibidos al estar suavizados entre infinidad de pantallas.

La configuración de los 3 primeros parámetros del menú, Duración total 72 horas, Intervalo de Cálculo hidráulico 1 h e Intervalo de Cálculo Calidad 5 minutos, queda:

Los demás sirven para darte más libertad de configuración y la visualización de resultados, pero rara vez los usarás salvo "Hora de inicio de los resultados" que se verá más adelante. En el manual de EPANET los tienes explicados.

| Opciones de Tiempo | |
|---|---|
| Propiedad | Hr:Min |
| Duración Total | 72 |
| Intervalo Cálculo Hidráulico | 1:00 |
| Intervalo Cálculo Calidad | 0:05 |
| Intervalo Curvas Modulación | 1:00 |

## Configurando la calidad

Para comunicarle a EPANET el tipo de análisis a realizar, se abre el diálogo de calidad en la pestaña Datos tal como muestra la imagen:

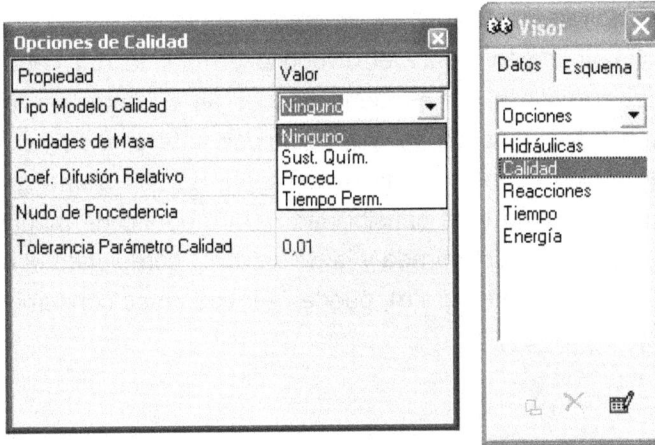

- **Sustancia química** (*Sust. Quím.*) se utiliza para analizar la evolución de la concentración de un reactivo, generalmente cloro.

- **Tiempo de permanencia** (Tiempo Perm.) se usa para ver el envejecimiento.

- **Procedencia** (*Proced.*), se utiliza para ver en un nodo determinado, que porcentaje de agua viene de cada fuente. Es muy útil para casos en los que se mezcla agua de dos fuentes para rebajar un parámetro desfavorable de una de ellas, por ejemplo, un exceso de salinidad, y poder utilizar el caudal de las dos.

Para que EPANET considere los cambios en la configuración debes pulsar el rayo.

# Averiguando tus coeficientes de extinción del cloro

Tuyos, porque estos coeficientes son específicos del agua que se trate y de la tubería que la transporte. No se pueden sacar de libros y, por tanto, hay que medirlos.

El cloro se consume en el agua o medio y en contacto con la pared interior de la tubería. La manera de tener en cuenta este consumo es mediante los coeficientes de reacción.

## Coeficiente de extinción de cloro (CEC) en la pared

Este coeficiente se determina experimentalmente y es escurridizo. La buena noticia es que las tuberías de plástico que normalmente utilizarás se consideran inertes y tienen un coeficiente 0. Si vas a instalar tuberías de metal espera a ver qué es lo que pasa una vez está construida la red, porque tienes un problema del tipo "¿qué es antes la gallina o el huevo?" ¿Pedir material para el diseño o diseñar la red para pedir el material? Si una vez construida la red es cierto que no se consume en las partes metálicas, no tienes que hacer más. Si no, puedes medir este coeficiente haciendo pasar agua de concentración conocida a flujo constante por un tramo grande de tubería, mínimo 300 m, más largo si la sensibilidad de tu aparato de medida no es buena. Midiendo la concentración de entrada y la de salida, y corrigiendo el cloro que se consume en el medio (siguiente epígrafe), puedes ver cuánto se consume a causa de la tubería.

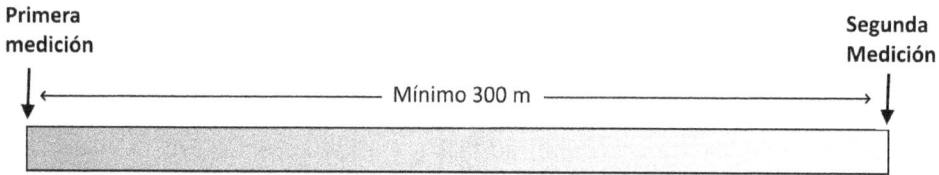

Las tuberías de las que debes sospechar consumos de cloro altos son aquellas de pequeño diámetro y las metálicas, sobre todo si no están revestidas. Las unidades son día$^{-1}$, valores negativos indican que se consume y positivos que se genera. Este valor se introduce en las propiedades de las tuberías.

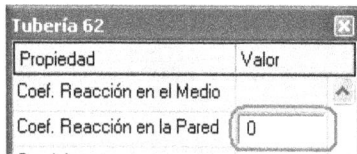

## (CEC) en el medio

Este coeficiente se determina experimentalmente midiendo cómo evoluciona con el tiempo la concentración de cloro de un volumen de agua contenido en un recipiente de cristal. En unas líneas vamos a ver como se hace, antes ten presente esto:

Los métodos de determinación en el terreno son generalmente colorimétricos, es decir, se utiliza un pigmento que tiñe el agua según la cantidad que cloro que haya en ella en un recipiente con una escala de color llamado pooltester, por su uso en la medición del cloro en las piscinas. No utilices aguas con color en su determinación, ni te dejes los ojos intentando ver si son 0,67 ppm o 0,62. Variaciones de 0,1 ppm son normales. Mide en intervalos de tiempo lo suficientemente grandes como para que puedas apreciar las diferencias con facilidad, por ejemplo, cada 6 horas. Esto hace que medir el CEC de la pared según lo descrito en el epígrafe anterior sea muchas veces impráctico.

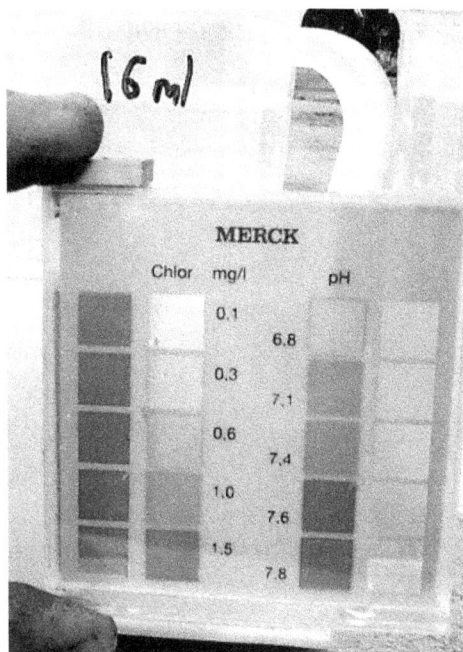

Así, si mides en concentraciones cercanas a las de trabajo tienes el inconveniente que no vas a ser capaz de medir con precisión variaciones de color tan leves. Si mides concentraciones más altas, la velocidad de reacción es diferente. Para salvar estos inconvenientes, mide dos muestras en paralelo, una con la mitad de concentración que la otra. Recuerda que **un mg/l es lo mismo que una ppm** (parte por millón).

**La temperatura puede hacer variar mucho el coeficiente**, hasta 15 veces mayor a 5º que a 25º, procura realizar la prueba a una temperatura cercana a la del suelo a la profundidad de la tubería. El procedimiento es el siguiente:

1. Crea una solución de cloro cualquiera y cuenta las gotas que añades a un volumen determinado de agua hasta que midas con el pooltester una concentración de 1,5-2 mg/l (1,5-2 ppm). Si usas lejía prueba con 4 o 5 gotas.

2. La primera muestra llevara ese número de gotas y la segunda la mitad.

3. Anota la concentración medida en el momento de preparar las dos muestras. Esas son las concentraciones iniciales.

4. A partir de ahí mide cada 4-6 horas hasta que la concentración haya descendido en la primera muestra a la última medida que no sea 0 del pooltester.

5. A este nivel puedes averiguar el coeficiente aplicando la siguiente fórmula:

$$K = \frac{\ln \frac{C_n}{C_0}}{t}$$

Siendo:        K, coeficiente en el medio en días$^{-1}$
               $C_0$, la concentración inicial
               $C_n$, la concentración en el tiempo de la medida n
               t, tiempo en días

6. Haz la media entre los dos y usa ese valor.

A modo de ejemplo, si el valor inicial era 1,2 ppm y mediste 0,6 a las 48 horas:

$$K = \frac{\ln \frac{0.6}{1.2}}{2} = -0.3465$$

# Definiendo las entradas de cloro

En las redes en países de renta baja y media, lo más frecuente es probablemente que la cloración se haga en los depósitos. Esto permite garantizar el tiempo de contacto suficiente para que el cloro pueda hacer efecto. Las otras dos posibilidades es que haya un dosificador que se adapte al caudal de agua que circula o un dosificador de cantidad fija.  El principal problema de los cloradores fijos, los podemos visualizar como un goteo sobre un riachuelo, es que la concentración final de cloro es muy variable. Si el agua pasa rápidamente, apenas le cae cloro encima, pero si está estancada, va aumentando y aumentando la cantidad de cloro que contiene sin poder darle salida.

### Calidad inicial vs. Intensidad de la fuente

Ambos parámetros se utilizan para determinar la concentración en una sustancia de toda el agua que entre en ese punto, sea un embalse o un nudo:

- **Calidad inicial**, es un parámetro pensado para evitar el tiempo de cálculo del ordenador, permitiéndole partir de situaciones más cercanas al equilibrio. Se presta a confusión cuando se trata de un embalse, ya que, en ese caso, no es sólo inicial, sino que es la concentración que va a tener toda el agua que entre en la red desde ese embalse. Es decir, si es un embalse con 0,6 ppm de cloro, toda el agua que entre durante la simulación tendrá esa concentración.

- La **intensidad de la fuente** se utiliza cuando se quiere hacer variar la "calidad inicial" con una curva de modulación. Es similar al caso de la demanda y como ya se vio para ésta, debes introducir un valor y posteriormente una curva de modulación que contenga los multiplicadores para cada franja de tiempo.

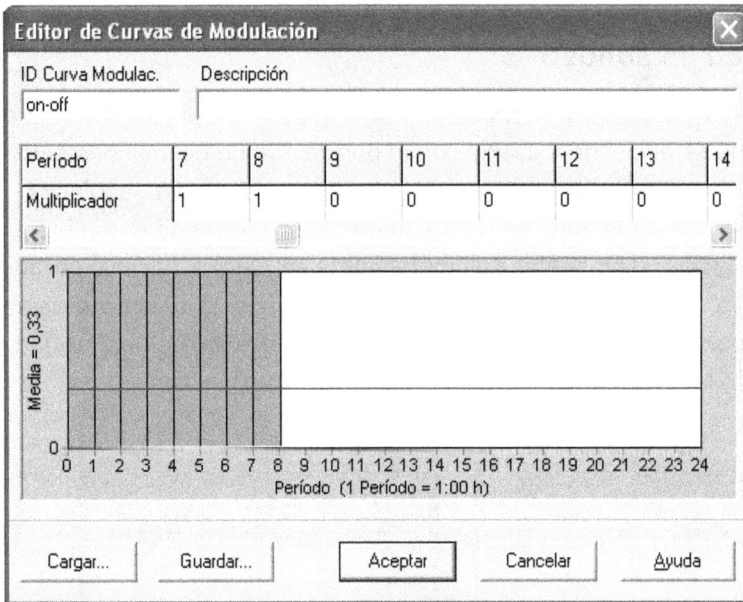

Por ejemplo, para simular un dosificador que funcionara las primeras 8 horas del día con una concentración de 1 ppm se muestra la curva de modulación que crearíamos (llamada "on-off") y el diálogo que aparece al apretar los puntos suspensivos dentro de las propiedades del embalse:

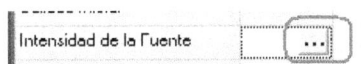

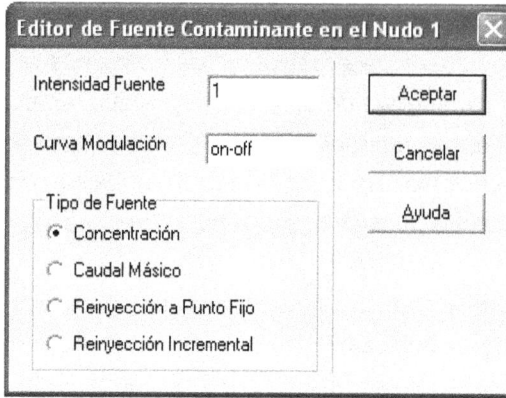

## La cloración en un sondeo

Este es uno de los casos más sencillos. Normalmente la cloración se hace con un dosificador fijo que se enciende y apaga con la bomba. Como las bombas suministran un caudal más o menos constante, no es necesario que haya regulación. Estos cloradores son más robustos, más baratos y su encendido/apagado es simple.

Los sondeos se pueden representar de dos maneras en EPANET, como un nudo con demanda negativa o como un embalse. En ambos casos, lo único que tienes que hacer para incorporar el clorador es asignarle al nudo o al embalse una calidad inicial, tal como muestran las imágenes:

## Cloradores satélite

Se utilizan para aumentar la concentración de cloro en aquellos puntos donde ha descendido por debajo de lo deseable. También se llaman estaciones de recloración.

Pincha el nudo o tanque donde quieras situarla para lanzar el editor de propiedades. Pincha los puntos suspensivos del parámetro Intensidad de fuente para abrir el diálogo que sigue:

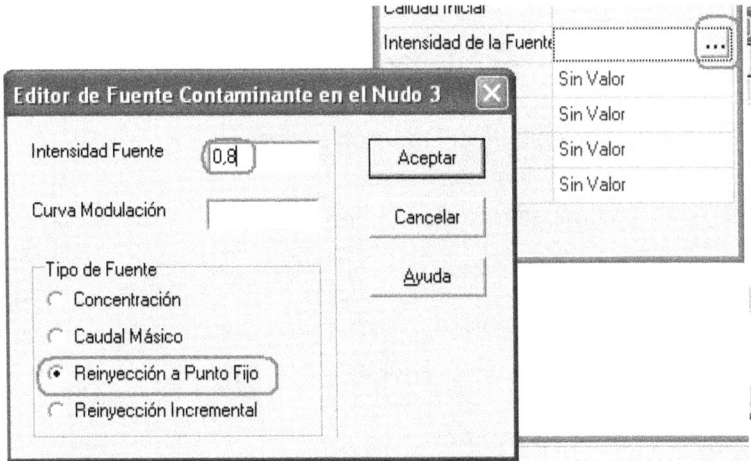

Si aumenta la concentración del agua que le llegue en una cantidad dada, señala Reinyección incremental y el valor que añade. Esto es lo más frecuente.

Si el objetivo del clorador satélite es restaurar un valor en concreto al agua, deberías marcar Reinyección a Punto Fijo y el valor, en la imagen 0,8 ppm. Este es el caso de estaciones de tratamiento con cloración de choque, seguidas de un filtro de carbón activo que elimina el cloro y posterior recloración al valor deseado. Sin embargo, debido a un problema de la versión en castellano, esta opción no funciona. Si necesitas este análisis, debes exportar el fichero INP y trabajar con la versión inglesa.

## La cloración en los depósitos

Cada día, el depósito se llena se le añade una cantidad de cloro y se vacía completamente. Aquí hay dos maneras de modelarlo:

a. Si has modelado los depósitos como depósitos, introduce en las propiedades del depósito el CEC en el medio en Coeficiente de Reacción y la concentración de cloro en el tanque tras añadir el cloro en Intensidad de fuente. Para un CEC de -0,4 día$^{-1}$ y una concentración de 0,8 ppm quedaría así:

**b.** Si los has modelado como embalses, introduce 1 el valor de la calidad inicial y crea una curva de comportamiento que simule el consumo de cloro en el tanque. Para construir esta curva usa nuevamente la ecuación del CEC en el medio con la concentración a tiempo t despejada,

$$C_n = C_0 \, e^{kt}$$

K, coeficiente en el medio en días$^{-1}$
$C_c$, la concentración inicial
$C_n$, la concentración en la hora n
e = 2,7182…

Si la concentración inicial en el tanque es 0,8 ppm y el CEC del medio es -0.7 día$^{-1}$ los puntos de esta curva se construirían como sigue:

Hora 1, $C_1 = 0,8 * e^{-0,7 * (1/24)} = 0,78$ ppm
Hora 2, $C_2 = 0,8 * e^{-0,7 * (2/24)} = 0,75$ ppm
….        …    …                   …
Hora 24 $C_2 = 0,8 * e^{-0,7 * (24/24)} = 0,4$ ppm

Y la gráfica que resulta es la típica gráfica de consumo de cloro:

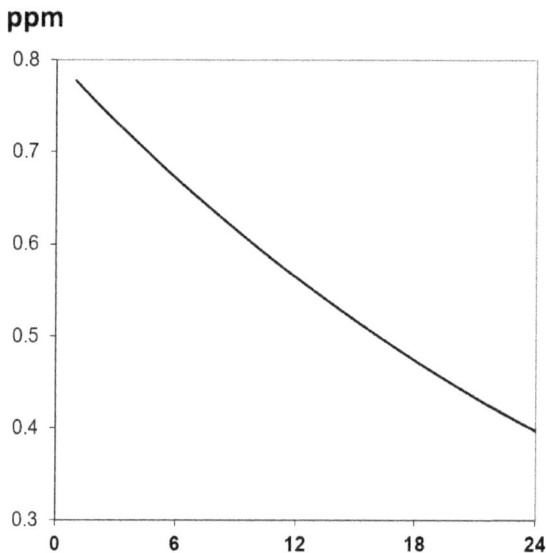

Para introducir estos datos en EPANET, seleccionarías en el visor, la pestaña datos y curvas de modulación dentro de ella. Aquí introducirías los datos de la concentración en ppm de cada hora. Al haber puesto 1 como concentración inicial nos evitamos tener que calcular multiplicadores, y podemos introducir directamente estos valores que al multiplicarse por uno se quedarán como están.

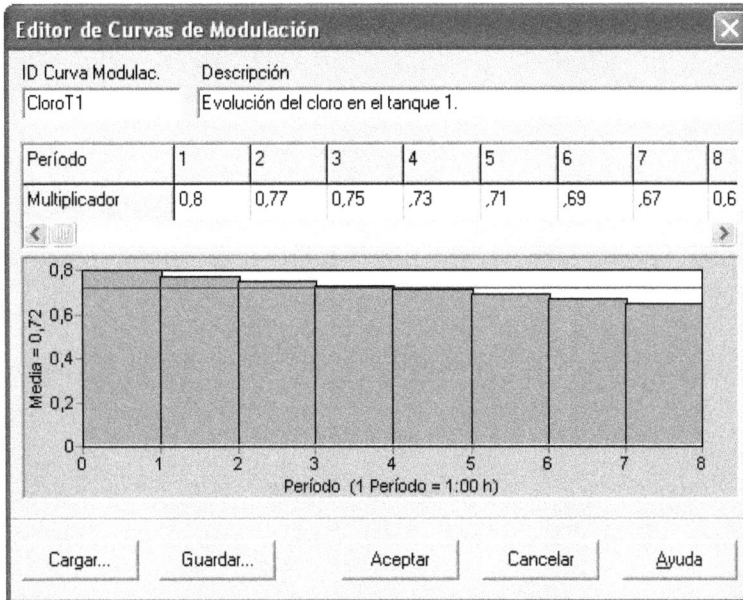

Formación y consultoría para la Cooperación al Desarrollo

# CAPÍTULO 7

# Analizando el modelo

## Superando el "Síndrome de Pereza Post-ensamblaje"

A estas alturas te habrás percatado que montar un modelo requiere una cantidad de trabajo considerable. A veces el tiempo apremia. A veces se tiene la falsa sensación de haber trabajado ya lo suficiente. En cualquier caso, **un error muy frecuente es apresurar el análisis**.

> *Cuanto más trabajo más suerte tengo.*
>
> *(Thomas Jefferson)*

Aquí es importante tener las ideas claras. Has pasado todo ese tiempo recopilando datos por la potencia de análisis que te da el ordenador y se trata de que le saques partido. Sólo usándola al máximo te va compensar claramente el tiempo que has invertido. Si no vas a querer/poder pasar tiempo analizando los resultados y trabajando el diseño lo mejor es que ni te plantees encender el ordenador desde el principio. ¡Suelta este libro y búscate uno más entretenido!

Debes saber también que cada minuto invertido en analizar te va a ahorrar horas de quebraderos de cabeza, montajes y retrasos de una red que no funciona. Que las redes mal proyectadas renuncian a objetivos desde antes de ser construidas y que en pocos otros momentos tu participación tendrá tanto valor añadido para las poblaciones abastecidas.

Como la naturaleza humana es vieja amiga de todos nosotros, todos hemos tenido o tendremos este síndrome en algún momento. La mejor manera para combatirlo es:

1. **Empieza cuanto antes**. Por cualquier cosa, sin grandes meditaciones y concentrándote en las posibilidades más que en los problemas. Una vez empezada una tarea, sobre todo aquéllas que dan más pereza o causan más ansiedad, es mucho más fácil continuar.

2. **Establece unos objetivos claros para esta fase**. "Después del análisis quiero tener 3 diseños alternativos de menos de 80.000 €" o "Voy a encontrar una solución que implique instalar menos de 3 km de tubería". Los objetivos dependerán mucho de las características de tu trabajo, pero el simple hecho de tenerlos ya será de gran ayuda.

3. **Sensibiliza a los meteprisas**. Analizar una red relativamente compleja puede llevar 1 o 2 días. ¿De verdad hay que correr tanto?  ¿Tan fundamental es que fulanito tenga un papel tal día como para comprometer el resultado de todo el proyecto? Sólo evitando aventurar conjeturas y presupuestos basados en un dedo chupado al viento mantienes la libertad de acometer lo que realmente es necesario. Si has planificado mal tu tiempo o la situación no lo permite, éste no es el sitio donde ahorrar tiempo, sacrifica otras cosas.

# Análisis estático vs. análisis de periodo extendido

En el **análisis estático** se evalúa un sólo instante en el tiempo, generalmente el más desfavorable para la red. Es decir, es como congelar en el tiempo lo que ocurre en ese instante para ver las velocidades en las tuberías, la presión que tienen los puntos, etc. Para ver una analogía este sería el "análisis estático" de un eclipse solar:

En el **análisis de periodo extendido** (cuasiestático) se evalúa una sucesión de instantes, generalmente la foto de lo que pasa cada hora del día, no sólo en una de ellas, y normalmente se visualizan en pantalla como una película. Se llama también cuasiestático. Volviendo a la analogía del eclipse:

Se comienza modelando el diseño con el análisis estático, que permite fácilmente hacer cambios y visualizar el resultado rápidamente. En esta fase se comprueba que la capacidad de transporte de la red se adecua a la demanda usando los criterios de cálculo que se explican en la próxima sección. Una vez el modelo es estable y eficaz frente a la demanda se pasa a analizarlo en periodo extendido para ver parámetros que dependen del tiempo como el nivel de los depósitos o la concentración de cloro.

## Viendo análisis estático y de periodo extendido de una sola vez

En la práctica, la forma más sencilla es realizar un análisis de periodo extendido iniciando la visualización de los resultados en los momentos de mayor consumo. Por lo tanto, sin realizar cambios ni reajustes, se puede pasar de un análisis estático (ignorando el resto de franjas horarias) a uno en periodo extendido (corriendo los resultados para ver el resto de franjas horarias). Para ello :

1.  Averigua cual es la hora del día de máximo consumo, por ejemplo, 13:00.

2.  Ve a >*Visor /Datos /Opciones /Tiempo*.

3.  Introduce la *Duración total*, 72 h al menos, y la *Hora de inicio de resultados*, las 13:00.

| Propiedad | Hr:Min |
|---|---|
| Duración Total | 72 |
| Intervalo Cálculo Hidráulico | 1:00 |
| Intervalo Cálculo Calidad | 0:05 |
| Intervalo Curvas Modulación | 1:00 |
| Hora Inicio Curvas Modulación | 0:00 |
| Intervalo Resultados | 1:00 |
| Hora Inicio Resultados | 13:00 |
| Hora Real Inicio Simulación | 12 am |
| Estadísticas | Ninguna |

Tras haber configurado el cuadro de diálogo como en la imagen, EPANET te mostrará la evolución del comportamiento de la red durante las 24 horas del día, comenzando por la imagen correspondiente al análisis estático sin necesidad de realizar ningún reajustes.

# Criterios de cálculo

Antes de empezar a analizar el modelo hay que definir unos criterios de cálculo, es decir, los rangos de valores en los que la solución del modelo nos parece aceptable.
Al modelar para Cooperación, principalmente nos interesan cinco parámetros: presión, velocidad en las tuberías, envejecimiento y concentración de cloro. Ya hemos visto los dos últimos en el capítulo anterior.

## Presión

Normalmente se intentará mantener **entre 1 y 3 bares** en el grifo para todos los consumidores, o lo que es lo mismo, 10 y 30 metros de columna de agua. El que esto se pueda conseguir fácilmente o no, depende mucho del relieve.

Redes con menos de un bar tienen problemas. Por ejemplo, en campos de refugiados y desplazados, presiones tan bajas no consiguen cerrar los grifos de cierre automático. Otro problema es que la falta de caudal por baja presión hace que la gente se canse de mantenerlos abiertos y se aten como en la foto de la izquierda.
Presiones mayores disparan las fugas, hacen el sistema más propenso a averías y lo vuelven inaccesible. Una de las consecuencias, es que los niños no pueden abrir los grifos de cierre automático. A más de 3 bares el chorro de agua se vuelve un spray dejando recipientes a medio llenar una vez las burbujas desaparecen y mojando a las personas (foto derecha). Los problemas de encharcamiento prosperan.

▶ https://youtu.be/Nub80L5KmOY    (Maximum and minimum design pressure)

## Velocidad

Entre **0 a 2 m/s**, en los picos de consumo. A velocidades muy bajas, la materia en suspensión empieza a precipitar y acumularse en las partes bajas, disminuyendo el diámetro real de las tuberías, pero:

**0 m/s!!** Una recomendación frecuente y desactualizada es garantizar una velocidad mínima de 0,5 m/s para que la red se autolimpie. Esto último es a la vez absurdo y peligroso porque conduce a:

- La construcción de redes con diámetros demasiado reducidos, que generan un incremento en los costos de bombeo y dificultan futuras ampliaciones.

- Es imposible de poner en práctica. A medida que cambia la población servida, no es posible mantener tales rangos de velocidad durante la vida de la red, aunque se quisiese.

Las redes se pueden limpiar gracias a los sistemas de drenaje en los puntos más bajos que permiten esa limpieza, y el agua debe entrar limpia, no llena de tuercas y grava como se muestra en este video (que es para aguas residuales):

▶ https://youtu.be/c1xX90ZfBj4    (Solids transport in waste water pipes)

Velocidades mayores de 2 m/s, indican que la tubería es demasiado pequeña y aumentan el riesgo de daños por golpe de ariete.

## Usando la pérdida unitaria para la hacerse una idea rápida

La pérdida unitaria o pendiente hidráulica es una medida de la energía que se pierde por fricción dentro de las tuberías. Depende fundamentalmente del caudal que circula y de su velocidad. Se mide en metros de columna de agua perdidos/km de tubería. A mayor pendiente, más ineficiente es la tubería. Se toma frecuentemente la referencia de **5 m/km para redes** y **0,04 m/*metro* en edificios.** En ocasiones es deseable que la tubería tenga mucha fricción para disminuir la presión en puntos más bajos de la red. Esto permite ahorrar colocando una tubería más pequeña y prevenir un exceso de presión. En otras es demasiado baja, quizás por el relieve o porque se instaló una tubería excesivamente grande. Como se puede ver en la imagen, las tuberías rojas gruesas (oscuras en la impresión B/N) sobrepasan este valor.

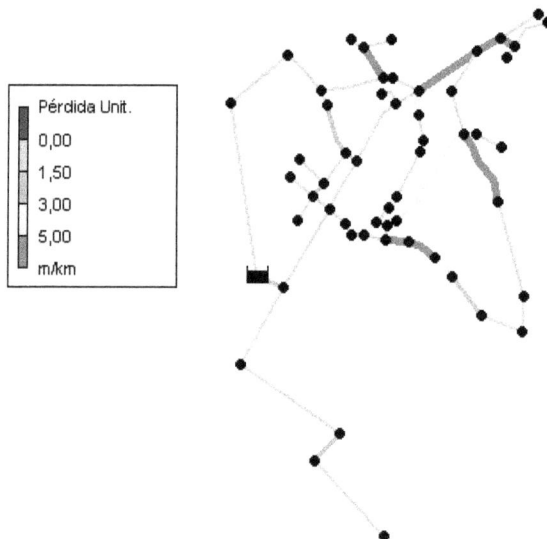

Así puesto no parece particularmente interesante, pero es un aliado vital para entender rápidamente lo que ocurren en redes complejas y saber por dónde empezar. Este video te lo explica con ejemplos:

▶ https://youtu.be/LAB1Kuwv-t4    (Using head loss to diagnose a system)

La pérdida unitaria **no es un criterio de cálculo, es una herramienta** para entender tu red. Si la red te pide 30 m/km, ¡perfecto! Y si te pide 3 m/km, ¡perfecto también! No hay un criterio que cumplir, dependerá fundamentalmente de la orografía.

## Qué observar con qué tipo de análisis

Ahora que conoces los criterios básicos de cálculo y los dos tipos de análisis el siguiente diagrama te servirá de lista de chequeo, teniendo en cuenta que cada sistema es diferente y que hay situaciones que pueden justificar salirse de los valores recomendados:

### Análisis estático:

- No hay presiones por debajo de 10 m en ningún punto.
- No hay presiones por encima de 30 m en puntos de consumo.
- No hay velocidades por encima de 2 m/s.
- Investiga pérdidas unitarias por encima de 10 m/km y por debajo de 2.5 m/km.

### Análisis en periodo extendido:

- No hay presiones por encima de 30 m en puntos de consumo.
- No hay presiones por debajo de 10 m en otras horas.
- La concentración de cloro no es menor que 0,2 ppm en ningún punto.
- En puntos de consumo el cloro es inferior a 0,6 ppm.
- El agua no pasa más de 24 h en la red.
- Los depósitos de agua se recuperan con cada ciclo.
- Las bombas están funcionando dentro de sus rangos.

Como no se trata de abrumar, aunque se pueden hacer muchas otras comprobaciones, se han mantenido las más útiles y sencillas. En la próxima sección se sugieren cursos de acción para cada caso.

## Una forma de trabajar

Ya has construido el modelo y ahora te estarás preguntando qué es lo que haces con él. Lo primero, guarda una copia de seguridad fuera de tu ordenador y ten la disciplina de no usarla salvo cuando te hayas cargado el modelo sin querer. Después, se trata de modificar los elementos para que funcionen como nosotros nos hemos propuesto.

Aquí es importante que sepas algo: **hay infinitas soluciones**, algunas mejores que otras. Se trata pues de intentar averiguar cuál es la más barata, la más fácil de construir, la de menor consumo energético, mantenimiento, etc. Esto generalmente requiere que se llegue a varias soluciones distintas que se puedan comparar en esos términos (detalles en el capítulo 8).

1.  Partiendo del modelo base, añade tuberías, modifica sus propiedades, cambia su camino hasta que llegues a una solución, la Solución 1.

2.  Compara las soluciones y elige una de ellas.

3.  Trabaja nuevamente esa solución para ver si se puede todavía optimizar. Modela también que pasaría si se rompiera alguna tubería, hubiera algún consumo muy marcado en una zona, etc.

Hasta aquí, solo se trabaja en el modo estático. La ventaja principal que tiene es que es menos engorroso de manejar. A partir de aquí ya debes observar el resto de las pantallas del análisis en periodo extendido.

4.  Comprueba que las presiones máximas, el envejecimiento del agua y la concentración del cloro son aceptables.

5.  Finalmente, revisa tu modelo en busca de errores. La lista de chequeo al final del capítulo te ayudará.

6.  Exporta a una hoja de cálculo las longitudes y diámetros de tuberías que has necesitado. Establece un coste unitario aproximado con la excavación, por ejemplo, 22 USD/m para una tubería de 90 mm. Obtén el total para llegar a una cifra aproximada; no se trata de un presupuesto detallado, es simplemente una cifra lo suficientemente precisa para poder comparar en el siguiente punto. Si las redes tienen bombeos, incluye los gastos de bombeo.

7.  **Benchmarking.** Comienza de nuevo repitiendo el ciclo 1-6. Quizás esta vez pruebes colocar un depósito de cola, añadir una bomba y modificar la tubería 54 hasta llegar a la Solución 2. Se creativo, las mejores soluciones no salen a la primera. Así sucesivamente hasta que veas que te quedas sin ideas, notes que tienes una buena comprensión de cómo funciona la red y veas que no consigues bajar la cifra. Es como si fuera la puntuación de un videojuego y estuvieras haciendo distintas partidas. Si la red es muy sencilla quizás solo

## Presiones negativas

```
AVISO: Presiones negativas a las 0:00:00 hrs.
```

En otras palabras, hay puntos de la red donde no llega el agua. Modifica la leyenda tal como se explicó en el apartado Herramientas básicas. Si al primer punto le has puesto 0, serán todos aquellos puntos estén en azul oscuro, señalados en la imagen:

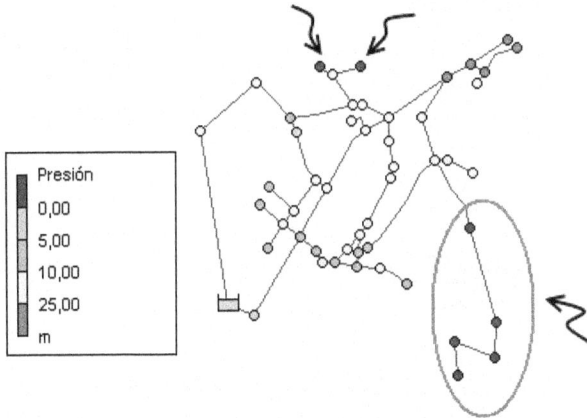

EPANET funciona suponiendo que existen presiones negativas. En realidad, no habrá esas presiones negativas sino ausencia de agua. Por eso se pueden dar en el modelo situaciones como está, donde el nudo B recibe agua, a pesar de que el A está seco. En la realidad un punto así impediría el suministro de los puntos aguas abajo.

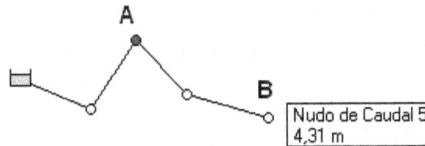

Si te salen presiones negativas inconsolables y pongas el diámetro que pongas siguen ahí, probablemente estás usando coeficientes de fricción con la formula equivocada. Si metes valores de Hazen-Williams (entorno a 120) en Darcy Weisbach (entorno a 0,1), necesitarás diámetros enormes. Si es al contrario ocurre exactamente lo mismo.

▶ https://youtu.be/RT49soxclPM          (Presiones negativas en EPANET)

# Depurando errores invisibles

Hemos visto el primero los errores sencillos. Estos que vemos ahora son más peligrosos, porque pueden llevar a dar por buenos diseños erróneos.

## La suerte del principiante

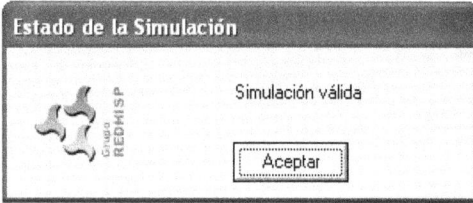

Estas cansado del trabajo de recogida de datos en el campo, te pican los ojos de estar delante de la pantalla, has ido acumulando estrés y presión para que la red funcione, le das al rayo y tomaaaa… ¡Qué suerte! ¡A la primera!

Este error se traga con la dulzura de un caramelo, pero sus consecuencias te devolverán a la realidad más rápido que la bofetada de un amor no correspondido. "Simulación válida" se puede traducir como "las tuberías son suficientemente grandes para que el agua llegue con presión a todos los puntos". Suficientemente grande va desde el diámetro menor capaz de cumplir esta condición hasta infinito. Por lo que a EPANET respecta, podrían tener perfectamente el diámetro del Sistema Solar. Después de todo, ¡no va tener que pagarlas!

Si te aparece simulación válida, lo siguiente que tienes que hacer es cazar las tuberías que son demasiado grandes e ir reduciendo el tamaño hasta el menor tamaño que mantiene todos los puntos por encima de la presión mínima de diseño.

## Olvidarse de pulsar calcular

Frecuentemente se entra en una fase de pequeñas modificaciones tras un modelado correcto o se ocurre una idea de última hora.  Se modifica alguna cosa y como la pantalla muestra los resultados de un cálculo anterior se dan por buenos. Siempre pulsa el rayo para calcular después de alguna tanda de modificaciones. En caso de que se te olvide calcular, EPANET te avisara mostrando un grifo roto en la parte baja de la pantalla. ¡Aprieta la vista porque apenas se ve!

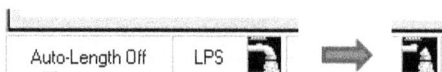

## Modelar sin carga

Otra posibilidad para tener un mensaje de simulación válida precoz es que el modelo no tenga demanda. Este es el equivalente a ponerlo en punto muerto, no tiene carga y por tanto "puede con todo". La primera posibilidad es que se te haya olvidado introducir el valor de la demanda, es decir, tus nodos tienen 0 en el parámetro Demanda Base.

Para averiguar si éste es tu caso, pregúntale al modelo pinchando Consultar:    ?{}

Rellena el menú como en la imagen y pulsa enviar. Los nodos que cumplan esa condición aparecerán engrosados y en rojo. La impresión de este manual puede haberlos vuelto grises, pero en cualquier caso es evidente, son los que se concentran en la parte superior derecha de la imagen:

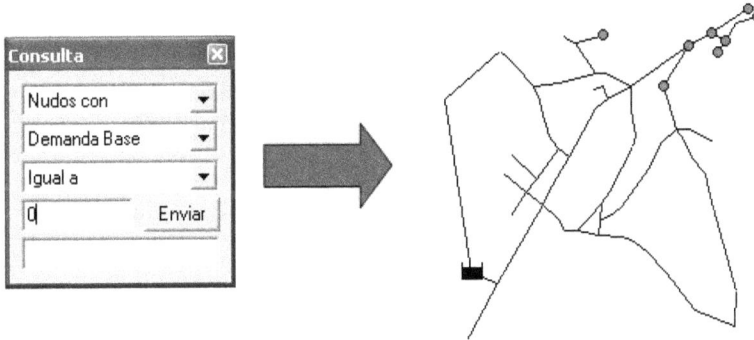

## Otros

Hay muchas posibilidades, la mayoría de ellas por tener errores en las entradas de datos. Usando consulta, como en el epígrafe anterior, comprueba:

1.  Que los puntos tienen cota introduciendo "Nudos con Cota igual a 0" en el cuadro de consulta.

2.  Que no tienen la longitud por defecto → *"Líneas con Longitud igual que 100"* (o el valor por defecto que introdujiste en *>Proyectos/Valores por defecto/Propiedades* si lo has cambiado).

3.  Que tienen coeficiente de fricción → "Líneas con Rugosidad mayor que 0".

# Visualizando los resultados de un cálculo

Si usas la versión española, el modelo te mostrará algunas cosas por defecto. Tendrás un resultado parecido a este:

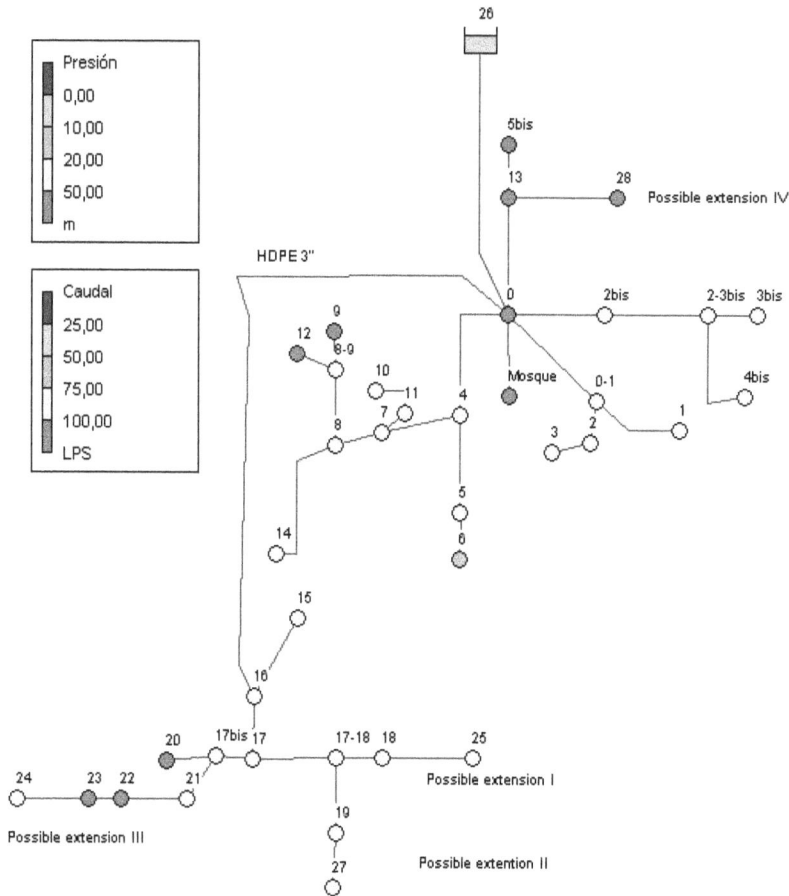

Aunque EPANET te muestra los resultados de muchas maneras distintas, la escala de color es probablemente la más util. Para otras formas, como tablas o gráficas, utiliza el manual, que están explicadas muy claramente. Un error muy frecuente del principiante es intentar leer la presión en las tuberías. Recuerda que algunos parámetros se visualizan en las tuberías (ej. Velocidad) y otros en los nudos (ej. Presión)

El protagonista de esta sección es la pestaña *Esquema* del *Visor*. En el primero de los menús desplegables se elige el parámetro que EPANET debe representar en los nudos. En el segundo menú, el de las líneas, y en el tercero, la hora del día.

Los botones ![botones] sirven para adelantar, retrasar y parar la película que resulta de superponer los estados de las diferentes horas. Sólo será visible si estás en período extendido.

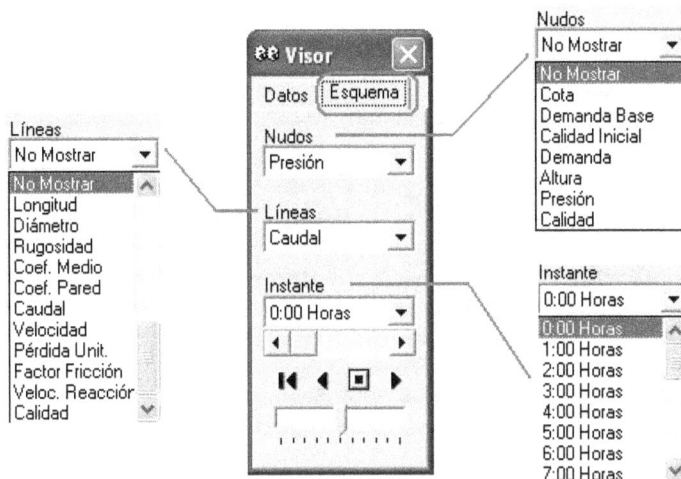

Lo siguiente que tienes que hacer es comprobar que los criterios de simulación estática están correctos según lo visto. Así, si por ejemplo quieres ver la pendiente hidráulica selecciona *Pérdida Unit.* en *Líneas*. Edita la leyenda según lo visto en el capítulo 2, para que muestre los límites de diseño. A partir de aquí, es una cuestión de meditar y jugar con el modelo para mantener todos los datos dentro de los de diseño.

**No olvides pulsar el rayo si quieres ver el resultado de tus modificaciones.** Si cambias cosas sin pulsarlo, EPANET no las tiene en cuenta.

## Algunas recetas para cumplir los criterios de cálculo

Con la práctica irás ganando experiencia sobre la mejor manera de llevar el diseño a cumplir los criterios de cálculo básicos. Cada red es única y no hay una receta de cocina sobre cómo optimizarla. Sé de sobra que una afirmación así desespera a los debutantes que quieren algo a qué atenerse. Por eso, con la idea de ayudar en los primeros intentos y acelerar el proceso de aprendizaje recomiendo las acciones que tienen más probabilidades de funcionar para cada problema. Confío plenamente en que has comprendido que tienen limitaciones importantes y que no son infalibles:

## A. Existen algunos puntos con presión menor a 1 bar:

**1.** Aumenta el diámetro de las tuberías que llevan a ellos.

**2.** Añade tuberías nuevas desde otros puntos:

**3.** Refuerza el suministro de un gran consumidor cercano.

## B. Existen agrupaciones de puntos con presión menor a 1 bar:

**1.** En las cercanías de un depósito o embalse por gravedad, o estación de bombeo, aumenta el diámetro de las tuberías bajantes. Elevar los depósitos debe ser la última de las consideraciones, por los gastos de bombeo que conlleva.

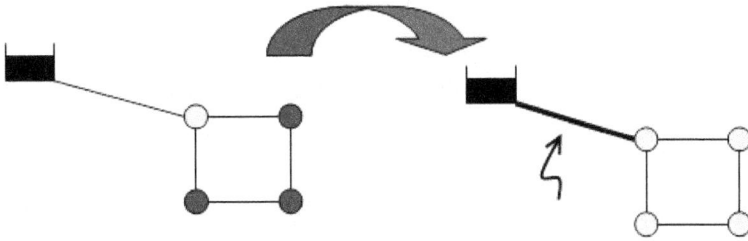

2.  En puntos alejados a un depósito, embalse elevado o estación de bombeo, prueba a aumentar los calibres de las tuberías que alimentan esa zona (caso A1) o intenta colocar un depósito elevado de cola.

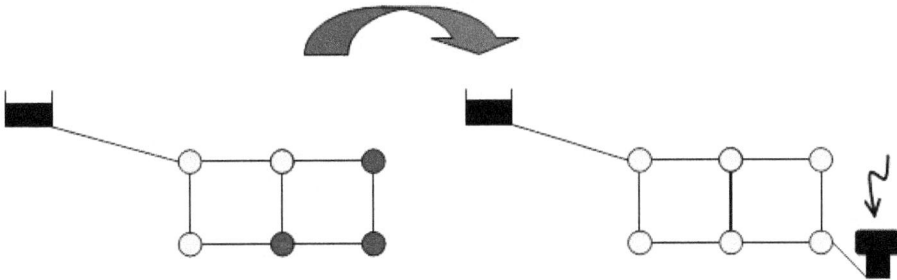

3.  Si hay gran diferencia de altura entre dos partes de una red, limita los caminos de descenso del agua, disminuyendo diámetros o eliminando tuberías en sentido descendente. Considera establecer zonas de presión.

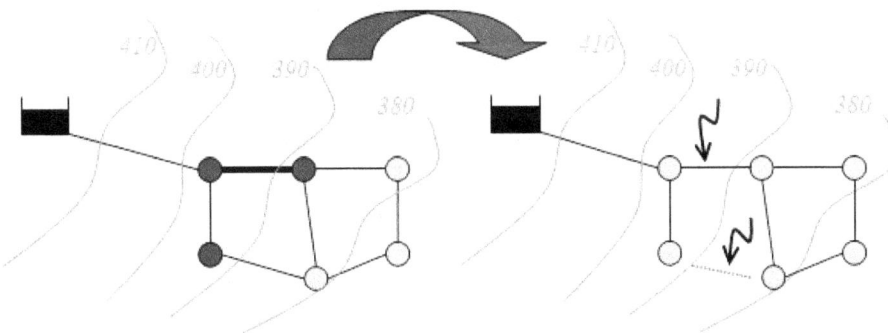

## C. Otros:

1.  Si hay velocidades por encima de 2 m/s, la tubería es probablemente demasiado pequeña → Aumenta el diámetro.

2. Si hay velocidades por debajo de 0,2 m/s, la tubería es probablemente demasiado grande → Disminuye el diámetro.

3. Si la fricción es mayor que 10 m/km, la tubería es quizás demasiado pequeña → Aumenta su diámetro.

4. Si la fricción es menor que 2.5 m/km, la tubería es quizás demasiado grande → Disminuye su diámetro.

La presión se impone sobre el resto de criterios que se han dado. Finalmente es la que determina el caudal que recibe el usuario. Una vez la presión está dentro de los márgenes correctos se puede jugar con el resto de criterios para conseguir diseños más eficientes.

## Tanques de ruptura de presión

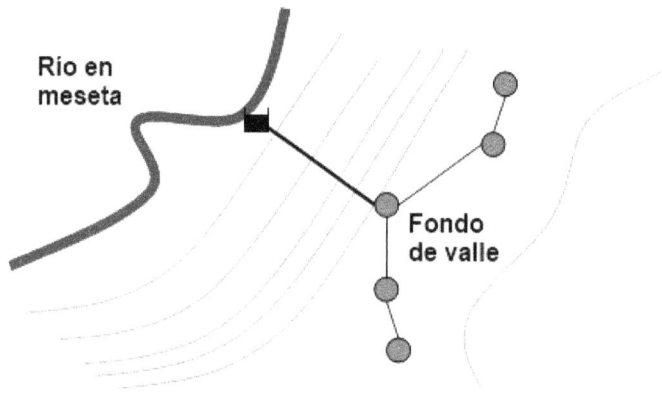

En este caso, la fuente de agua está muy elevada respecto a los puntos que se van a distribuir y la presión va a ser excesiva. Para evitarlo se puede despresurizar la tubería a mitad de camino mediante un tanque de ruptura de presión. Como de cualquier manera se va despresurizar la red, la primera tubería, de la fuente al tanque de ruptura de presión, puede elegirse muy pequeña y ahorrar en la instalación, lo que hace que la velocidad y la pendiente hidráulica sobrepasen sus valores habituales. Puede que hayas pensado que puedes instalar toda la tubería más pequeña para evitar el exceso de presión. El problema de esta solución es que el agua sólo pierde energía mientras está en movimiento, es decir, en las horas de bajo consumo la presión seguirá siendo excesiva.

A continuación, se muestra la localización del tanque de ruptura de presión y su apariencia.

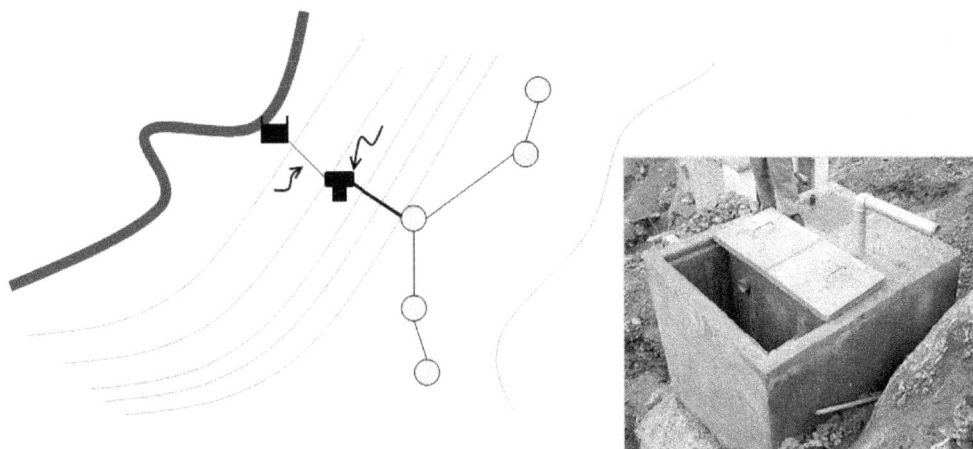

## Zonas de presión

A veces no es fácil abastecer toda una zona y que todos sus usuarios estén en la franja correcta de presión. Es un caso frecuente, por ejemplo, en una población en la ladera de un valle. Si los usuarios más altos están a más de 20 m por encima de los más bajos, ya es imposible suministrarlos a todos con el rango 10-30 m. Si la diferencia es 45 m, por ejemplo, cuando los más altos tienen 10 m de presión los más bajos tienen 55 m. Tienes un problema similar a dormir con una manta demasiado corta. ¡O se te enfrían los pies o se te enfría la cabeza!

Además de la presión, las zonas de presión tienen ventajas a la hora de ahorrar gastos de bombeo ya que evitan bombear a la zona más alta la totalidad del agua y economizan agua porque a partir de cierta presión, aumentos posteriores suponen mayor caudal en los grifos y en las fugas sin una mejora apreciable del nivel de servicio. Te recomiendo que mires este video para entenderlo de una manera muy visual:

https://youtu.be/OcKzVfG-pKM          (Managing pressure)

## Observando el modelo en modo extendido

Una vez estabilizado el modelo estático, se pasa a analizar en periodo extendido. Si has configurado EPANET como se sugiere en la sección Una forma de trabajar, sólo tienes que ir a la pestaña datos del Visor y darle a Avance, ▶. Observa cómo van cambiando los colores de los objetos con el tiempo. Si no cambian, es que o no hay una curva de modulación para el consumo definida o que las horquillas de la leyenda son demasiado grandes para ver los cambios.

Verifica que los parámetros de diseño están correctos, teniendo en cuenta que lo más interesante es observar:

1.   Los periodos de menor consumo.
2.   Los periodos de mayor consumo.
3.   La evolución de un parámetro con el tiempo.

## Protección contra incendios

Se trata de que el agua esté disponible en caso de incendio. Esto se consigue asegurando en todo momento:

a)   Una **reserva de incendios**, un volumen almacenado exclusivamente a tal fin. Las normas varían de unos países a otros, pero normalmente es el equivalente al caudal de incendios durante dos horas.

b)   Un **caudal de incendios** que se determina según el tipo de población y lo numerosa que es.

En la práctica, los requerimientos son tan grandes que es el caudal de incendios el que acaba determinando el tamaño de una red, porque es varias veces mayor que la demanda pico de la población. En cooperación he visto dos enfoques, o se ignora completamente la protección contra incendios o se aplica la norma occidental a ciegas.

Ignorar la necesidad de protección contra incendios es una canallada que no merece más comentarios. Aplicando la norma occidental o la del país frecuentemente se cae en la desproporción (en el capítulo 1 planteábamos el caso de un caudal de incendios de 32 litros por segundo en una comunidad que sólo dispone de cubos para luchar contra un incendio).

Yo pienso que hay un punto medio. Determinarlo no es sencillo. Una buena idea en cualquier caso es hablar con el cuerpo de bomberos local y ver cuáles son sus ideas, entendiendo por bomberos las personas que vayan a participar en la extinción de un incendio (no hace falta que lleven casco blanco y estén vestidas de uniforme).

Muchas veces más que un caudal, lo importante es que haya una cantidad de agua acumulada para que un fuego minúsculo no se convierta en catastrófico porque los depósitos estaban secos como huesos.

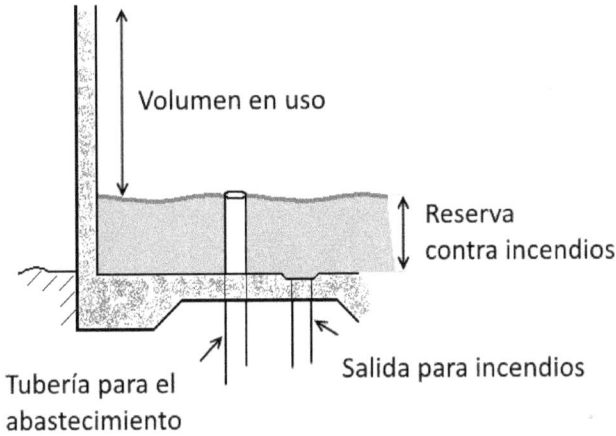

# CAPÍTULO 8

# Aspectos económicos

## Introducción a la evaluación económica

La evaluación económica trata de responder a cuestiones como:
- ¿Cuál de las distintas alternativas es más barata de construir?
- ¿Cuál será más barata en el funcionamiento diario?
- ¿Pueden asumir las poblaciones ese gasto de operación?
- ¿Podrán hacer frente a los pagos para evitar que las instalaciones se queden obsoletas?

Tradicionalmente, el objetivo fundamental es:

> **Determinar cuál de las alternativas posibles alcanza el resultado deseado con el menor costo en recursos.**

Permíteme añadir uno, que considero más importante en Cooperación:

> **Comprobar que el coste de funcionamiento de la alternativa está dentro de lo que los usuarios estarían dispuestos a pagar** y es por tanto **sostenible** una vez el donante haya desaparecido.

En la práctica, esto se consigue mediante la comparación de facturas de las distintas alternativas. Cada alternativa tiene una factura por inversión (ej. comprar un coche) y otra por funcionamiento (seguro, gasolina, averías...). La manera de calcularlas y las limitaciones a las que hay que hacer frente se ven en las próximas secciones, pero antes se hace necesaria una llamada a la seriedad.

## De la importancia a la ética

En mi modesta experiencia, rara vez los proyectos llevan un análisis económico. A la hora de considerar que algo funciona, se considera estrictamente eso. Si aprieto el botón el generador se pone en marcha y la bomba bombea agua. Si el generador está funcionando fuera de su rango con una eficiencia minúscula es una consideración que se suele dejar a los usuarios.

**El análisis económico de los usuarios es implacable.** Para ellos, una estructura que es derrochadora no funciona en el sentido de que no les mejora las condiciones de vida. En consecuencia, se abandonará, muchas veces para desespero de la organización que la promovió que alega que los usuarios "no mantienen nada, son un desastre". Si el mantenimiento de infraestructuras es un desafío ya de por sí, la realidad es que la ausencia de análisis económicos no ayuda.

En el caso de pedir una participación a la comunidad, tan frecuente, el tema se vuelve escabroso. Aquí el potencial para tener un impacto francamente negativo por descapitalización es importante. Los usuarios confían en la capacidad técnica de la asistencia y su capital se ve vinculado al resultado. Si como la piscifactoría de San en Malí, cada kilo de pescado acaba costando 4.000 dólares[1], el trabajo y la ilusión de muchas personas habría conseguido de hecho empeorar la situación.

## Despropósitos comunes

A parte de la completa ausencia de evaluación económica, los tres desatinos más comunes respecto a temas económicos son:

1. **La "Economía de los Abuela".** Se trata de la obsesión por ahorrar proponiendo actividades que en realidad son una pérdida de esfuerzo y dinero, comprometen los resultados generales y que desesperan y desmotivan a todos los implicados. Con este enfoque lo más importante es ir arañando dinero de donde se puede para lograr que los gastos sean pequeños.

2. **El "despotismo económico".** Se trata de pensar que todo está determinado económicamente. Para evitar polémicas, diremos que aun en el caso de que todo esté determinado económicamente, nuestra capacidad de medirlo es bastante limitada. Por ejemplo, ¿qué valor tiene la educación de una persona? Un dólar, ¿tiene realmente el mismo valor para un occidental medio que para una persona bajo el umbral de pobreza? Y sin embargo ambos dólares compran la misma cantidad de patatas. ¿Qué es lo que falla? Guiarse por aspectos de pura eficiencia con fanatismo es desconsiderado en el mejor de los casos porque obvia mucho de lo que es realmente valioso para las personas.

---

[1] Handcock G. 1989. "Lords of Poverty"

3. **Los cálculos vagos de ideas difusas.** Se trata de calcular y presupuestar cosas que apenas están definidas. Para ver lo que algo cuesta se debe tener clara la naturaleza de ese algo. Tantos km de tal tubería, tantas válvulas de tal tipo, tantos camiones de arena… Calcular lo que cuesta "una red de agua" sin más detalle que ese, es como calcular cuánto cuesta "un alimento". El diseño precede al presupuesto y no al contrario, como tantas veces ocurre en Cooperación. Planteamientos tipo "tenemos 200.000 dólares *calculo* que da para una red", traicionan y despeluchan los resultados.

## Determinando la disponibilidad para pagar

Acabamos de ver que el objetivo fundamental de la evaluación económica es comprobar que el coste de funcionamiento de la alternativa está dentro de lo que los usuarios estarían dispuestos a pagar y es, por tanto, sostenible una vez el donante haya desaparecido.

Es decir, la decisión si las facturas de inversión y funcionamiento son aceptables no cae en la persona que diseña sino en los usuarios. Es por tanto importante que la persona que toma las decisiones pueda comunicarse adecuadamente con los futuros usuarios. Hay un consenso en que **no debería ser superior al 3-5% de los ingresos familiares**.

A veces la información está tan al alcance de la mano como averiguar el coste de sistemas tradicionales.

Las técnicas para averiguar cuanto pagaría una persona quedan fuera del alcance de este libro, pero un buen lugar para comenzar es *"Willingness-to-pay surveys"* publicado por WEDC en inglés y descargable gratuitamente en webs que no paran de cambiar. Pregúntale a un buscador cuál es la última.

# Determinando la factura por inversión

Es la factura de los equipos, de las instalaciones, la factura más obvia porque se paga de golpe y es el componente mayoritario de lo presupuestado para un proyecto. Es también la que centra la mayoría de la atención.

### Amortización y la pérdida de valor del dinero con el tiempo

Aunque la inversión se paga de golpe, el coste se puede ir repartiendo entre todos los años de vida útil de la instalación en cuestión. Por tanto, una de las primeras decisiones que hay que tomar es determinar cuál es el **periodo de amortización**, en otras palabras, cuanto tiempo pretendemos hacer uso de lo que estamos comprando o construyendo. Esta no es una decisión fácil. ¿Cuánto dura una red de agua? ¿Cuánto dura una casa? Para complicar aún más las cosas, lo que dure la casa, por ejemplo, depende de los costes de mantenimiento que estemos dispuestos a asumir, costes que no forman parte de esta factura.

En lugar de abrumarnos, lo importante es recordar que la evaluación económica es un método aproximado y que siempre hay algún criterio razonable que seguir. Por ejemplo, en el caso de una red de agua, este periodo de amortización debe ser por lo menos igual al periodo de diseño. Si se diseña a 30 años vista, el periodo de amortización es 30 años y bastaría dividir la inversión realizada por el número de años para obtener la correspondiente factura anual.

Sin embargo, hay otro fenómeno a tener en cuenta: **el valor del dinero disminuye con el tiempo**. Si en el año 1950 el billete de autobús costaba un céntimo y medio ahora cuesta 3 USD. ¿Por qué? Porque para compensar la pérdida de valor de ese céntimo inicial con el paso de cada año se ha tenido que ir aumentando el precio del billete. El equivalente al céntimo del año anterior ahora es un céntimo y medio, y así sucesivamente hasta llegar a 3 USD con el paso de 50 años. Por lo tanto, para poder comparar facturas hay que llevarlas al mismo instante, normalmente se elige el principio del proyecto.

## Obteniendo la factura anual de una inversión

Vista rápidamente la teoría, que puede ser ampliada en cualquier libro de economía, la manera de proceder es la siguiente.

1. Averigua el **interés i** que te daría un banco por depositar una cantidad semejante y transfórmala en tanto por 1. Por ejemplo un 3%  → i = 0.03.

2. Intuye cuál puede ser la **inflación s** del periodo considerado. Puedes mirar algunos años en los datos del Banco mundial y echarle tu mejor cálculo, porque no es posible saber cómo va a evolucionar en el futuro. Este será tu parámetro **s**, también en tanto por uno.

3. Calcula la **tasa de interés real r**. Esta tasa tiene en cuenta el interés y la inflación. Si la inflación es mayor que lo que daría un banco, el dinero vale más en el presente que lo que valdría en el futuro. Si son iguales, mantiene el valor y si el interés del banco es mayor que la inflación, el valor del dinero irá aumentando. Se calcula mediante relación:

$$r = \frac{1+i}{1+s} - 1$$

4. Calcula el **factor de amortización a_t** para T años:

$$a_t = \frac{(1+r)^t * r}{(1+r)^t - 1}$$

5. La factura anual de la inversión es la cantidad invertida, M, por el factor de amortización:

$$F = M * a_t$$

## Ejemplo

Una red de abastecimiento de agua presupuestada en 100.000 € y diseñada a 30 años se evalúa en Uzastán, donde lo bancos prestan el dinero al 5% y la inflación de los últimos 4 años ha sido el 4.5%.

El interés es i = 0,05 y la inflación es s = 0,045:

La tasa de interés real es:

$$r = \frac{1+i}{1+s} - 1 = \frac{1+0.05}{1+0.045} - 1 = 0.00478$$

El factor de amortización es:

$$a_t = \frac{(1+r)^t * r}{(1+r)^t - 1} == \frac{(1+0.00478)^{30} * 0.00478}{(1+0.00478)^{30} - 1} = 0.03586$$

La factura anual es F = 100.000€ * 0,03586 años$^{-1}$ = 3586,24 €/año, aproximadamente 3586 €/año.

Observa que es diferente a 100.000 €/30 años =3333,33 €/ año. Eso se debe a que el valor corregido de la inversión, llamado **valor presente** es F * 30 años = 107.587€ y no los 100.000€ de la inversión.

# Determinando la factura por funcionamiento

En los sistemas de agua que no son por gravedad el gasto principal es el bombeo, seguido probablemente del tratamiento del agua. Conceptualmente esta factura es mucho más simple de elaborar; es un inventario de todos los gastos que incurrirá la red en un año de funcionamiento. Dicho esto, hay algunos costes muy escurridizos, por ejemplo, las averías. En Cooperación, rara vez las decisiones económicas van a ser tan justas, las averías son gastos comparativamente menores en sistemas correctamente diseñados y normalmente hay otros criterios que en márgenes estrechos se impondrán. Mi consejo es que directamente no las tomes en consideración.

### Gastos de bombeo

En una gran parte de ocasiones no merece la pena implicar a EPANET en el cálculo de los gastos de bombeo. Se calculan más rápidamente a mano, con esta ecuación

$$E(kWh) = \frac{mgh}{3.6 * 10^6 \, \eta}$$

Donde :

    m, es la masa de agua diaria en kg (1 litro de agua = 1 kg)

    h, la cabeza o altura de bombeo

    g, es 9.8 m/s²

    η, el rendimiento cable-agua, 0.6 es un valor realista

Veamos uno de ellos.

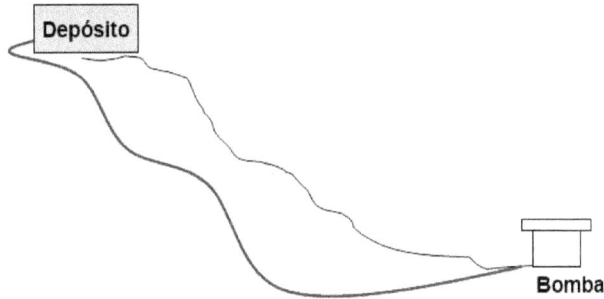

Una estación de bombeo llena un tanque desde el que se abastece la ciudad. La población abastecida es de 1000 personas y se ha establecido que cada habitante recibirá 50 litros diarios. El precio del kWh es de 0.40€ y no varía durante el día. La cabeza de bombeo total es 70 m.

El consumo anual será: 365 días x 1000 hab × 50 l/hab×día × 1 m³/1000l = 18 250 m³.

$$E(kWh) = \frac{mgh}{3.6 * 10^6 \, \eta} = \frac{18250000 kg * 9.8 m/s^2 * 70m}{3.6 * 10^6 * 0.6} = 5796.06 kWh$$

El coste anual será : 5796.06 kWh/año × 0.4 €/kWh = 2318.43 €/año

Frecuentemente, la energía eléctrica se genera in situ con un generador. En este caso, el coste del kWh lo determina el precio del diésel. El consumo de un generador medio es de 0,35 litros de diésel por kWh producido.

En el ejemplo anterior, si el precio del diésel es 1 €/ litro:

5796.06 kWh/año × 0.35 l/kWh × 1 €/l = 2028.62 €/año

Sabiendo el gasto por hora de bombeo se procede de la misma manera.

## ¿Cuándo usar EPANET?

En todos aquellos en los que el cálculo se empieza a volver engorroso, sobre todo:

- Bombeo directo a la red. La presión que debe vencer la bomba cambia según el consumo horario y por tanto el caudal y el precio/m³ agua.

- Muchas bombas aun si su funcionamiento es regular.

- Arrancado y parado automático de bombas o bombas de velocidad variable, ambos infrecuentes en Cooperación.

# Comparando y contextualizando las facturas

Has ideado las intervenciones A, B y C. Para cada una de ellas has establecido la factura anual de inversión y la de funcionamiento. Lo único que tienes que hacer ahora es compararlas y contextualizarlas. La comparación es simple; la menor de ellas en el ejemplo es la A.

| Tipo de factura | Alternativa A | Alternativa B | Alternativa C |
|---|---|---|---|
| Inversión | 8000 | 10000 | 7000 |
| Funcionamiento | 3000 | 6000 | 4500 |
| **TOTALES** | 11000 | 16000 | 11500 |

## Contextualizando las facturas

Que la alternativa A sea la más barata no quiere decir que sea la más deseable. Existen otro tipo de criterios; por ejemplo, en una situación de emergencia la rapidez de construcción se impondrá sobre el coste de construcción. Para tener en cuenta todos los criterios de decisión en lo que he llamado contextualizar una factura, se hace una **ponderación**.

Se hacen ponderaciones porque las personas tenemos serios problemas para manejar más de 4 ó 5 variables en la cabeza. Imagina por un momento que alguien te pregunta que quieres comer mientras cuentas los días que van entre el 8 enero y el 23 de febrero… Como consecuencia de ello, tenemos una fuerte inclinación a decidir usando sólo un parámetro e ignorar el resto: "Estooo…, lo mismo que tú", apuesto a que responderías.

Para mantener la objetividad se pasan los cálculos a un papel analizando una por una las variables sin que se interfieran entre sí. El proceso es muy simple. A cada criterio (rapidez, economía, enfoque de género…) se le da una puntuación según su importancia. De la misma manera, a cada alternativa (pozos, camioneo de agua, distribución gravitatoria…) otra puntuación respecto a cada criterio. La alternativa que más puntos consiga es la más deseable con el criterio de puntuar más cuando algo aporta beneficios ya sea por su abundancia / presencia o por su falta / escasez.

Supongamos que una crecida ha averiado la estación de bombeo de una pequeña ciudad ribereña y estoy intentando decidir entre reparar la estación o contratar camiones cisterna desde un pueblo vecino (no tengo fondos para hacer ambas cosas). En este caso la rapidez es fundamental y la valoro 9 sobre 10. Tengo fondos suficientes para cualquiera de las dos alternativas por lo que la economía de la solución no es tan importante. La valoro 4 sobre 10. La rapidez de los camiones cisterna es clara, y la puntúo 10. El coste es muy elevado, le doy un 0. Reconstruir la estación es un proceso muy lento porque hay que pedir las piezas a Inglaterra, la puntúo 1. Sin embargo, es bastante económico ya que sólo las piezas eléctricas se han deteriorado. La puntúo 8.

(A) Camiones cisterna:                    (B) Reparación

| | | | | |
|---|---|---|---|---|
| Rapidez | 9 * 9 = 81 | | Rapidez | 1 * 9 = 9 |
| Coste | 0 * 4 = 0 | | Coste | 8 * 4 = 32 |
| **TOTAL** | **81** | | **TOTAL** | **41** |

La puntuación del camión cisterna es mayor y se decide implementar esta alternativa.

Cierto que este es un caso sintético hasta el insulto. Este es uno real de Tanzania:

| Criterios | Bombeo (A) | | Gravedad (B) | | Peso |
|---|---|---|---|---|---|
| | Evaluado | Compensado | Evaluado | Compensado | |
| Cantidad de agua producida | 2 | 20 | 9 | 90 | 10 |
| Calidad del agua | 5 | 40 | 7 | 56 | 8 |
| Bajo riesgo de camioneo | 1 | 8 | 9 | 72 | 8 |
| Pérdidas por retorno refugiados | 9 | 63 | 2 | 14 | 7 |
| Bajo riesgo de disturbios | 1 | 7 | 10 | 70 | 7 |
| Almacenamiento | 1 | 7 | 9 | 63 | 7 |
| Diversidad de fuentes | 2 | 12 | 8 | 48 | 6 |
| Genero | 3 | 18 | 8 | 48 | 6 |
| Aumento de la población servida | 0 | 0 | 8 | 40 | 5 |
| Donación de fondos | 4 | 20 | 7 | 35 | 5 |
| Análisis económico | 7 | 28 | 4 | 16 | 4 |
| Beneficios sociales | 2 | 6 | 5 | 15 | 3 |
| Tiempo de implementación | 8 | 24 | 4 | 12 | 3 |
| Demanda de organización | 2 | 4 | 4 | 8 | 2 |
| Complicación | 8 | 16 | 5 | 10 | 2 |
| Riesgo técnico | 7 | 14 | 8 | 16 | 2 |
| **TOTALES** | **Bombeo** | **295** | **Gravedad** | **613** | |

Estos sistemas de ponderación sólo pueden ser útiles si se tiene buena fe y se va a ser honesto a la hora de trabajarlos. No los uses para justificar cosas que no son justificables o con la decisión tomada en firme de antemano.

## Limitaciones y fuentes de incertidumbre

A lo largo de la exposición has leído y habrás intuido las limitaciones con las que hay que trabajar. Estas son algunas:

1. No conocemos cual será la inflación en el futuro.

2. La vida útil de un aparato puede variar mucho de unas unidades a otras. Aunque el coche dure diez años de vida media, unos coches en concreto durarán más y otros menos.

3. La vida media no es algo claro, como lo es la vida de una persona. Es difícil determinar cuándo se termina el periodo de servicio de una red de agua. En gran medida es una decisión que depende de criterios económicos. Se abandonará cuando los costes de mantenimiento sean excesivos, pero eso depende de las alternativas disponibles y de los costes a muchos años vista.

4. Hay gastos muy difíciles de determinar. Por ejemplo, las averías.

5. La evolución de los precios es impredecible. El gasoil puede triplicarse, la mano de obra encarecerse con el desarrollo, o las tuberías bajar con el precio del petróleo…

6. ……

Se trata de llegar a una aproximación suficientemente buena, a pesar de las incertidumbres, para poder basar una decisión en ella. Después de todo, ninguna decisión se toma completamente informada, siempre hay un huequito para lo desconocido. Si mantienes esta idea de "suficiente aproximación" en la cabeza, verás que las limitaciones apenas son limitantes.

# Usando EPANET para presupuestar

Lo que queremos es que EPANET nos desglose cuántos metros hay de cada tipo de tubería en lugar de irlos teniendo que averiguar uno por uno por nuestra cuenta. Desafortunadamente las opciones de exportar de EPANET son un poco limitadas.

1. Pincha el icono *Tablas*, ⊞ , para que aparezca este diálogo y selecciona Líneas de la Red.

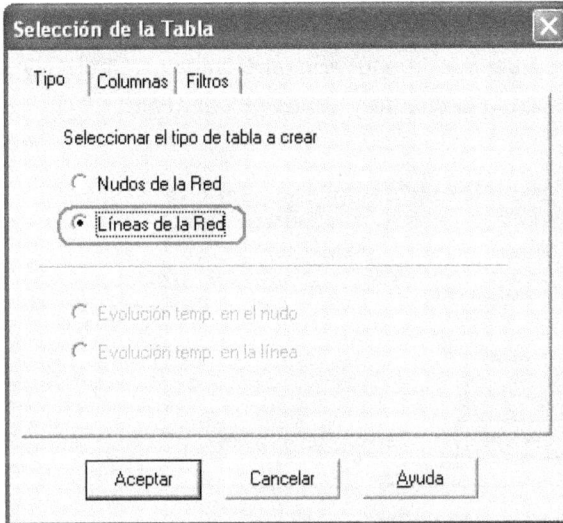

2. Pulsa aceptar para generar una tabla similar a esta:

| ID Línea | Longitud m | Diámetro mm | Rugosidad mm | Coef. M |
|---|---|---|---|---|
| Tubería 1 | 8,86 | 200 | 0,1 | |
| Tubería 35 | 79,93 | 200 | 0,1 | |
| Tubería 36 | 80,31 | 200 | 0,1 | |
| Tubería 43 | 86,6 | 200 | 0,1 | |
| Tubería 44 | 90,42 | 200 | 0,1 | |

3. Selecciona las columnas *Diámetro* y *Longitud* pinchando sobre la primera casilla y arrastrando hacia el lado y hacia abajo hasta incluir todas las tuberías:

| ID Línea | Longitud m | Diámetro mm |
|---|---|---|
| Tubería 1 | 8,86 | 200 |
| Tubería 2 | 67 | 200 |
| Tubería 3 | 151,4 | 200 |
| Tubería 4 | 182,4 | 200 |
| Tubería 5 | 60,9 | 200 |
| Tubería 6 | 81,67 | 200 |

4.  Para copiar tienes que ir al menú >*Editar/Copiar* a (Ctrol C y similares no funcionan). Se despliega el cuadro y debes pulsar aceptar.

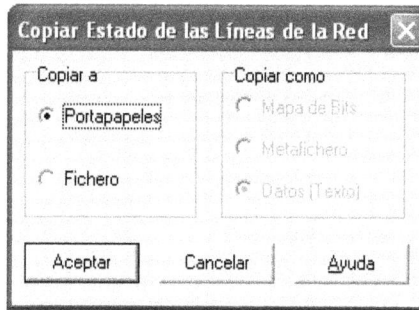

**Copiar Estado de las Líneas de la Red**

Copiar a
- ⦿ Portapapeles
- ◯ Fichero

Copiar como
- ◯ Mapa de Bits
- ◯ Metafichero
- ⦿ Datos (Texto)

Aceptar    Cancelar    Ayuda

5.  Copia tus datos en la hoja de cálculo.

**Microsoft Excel - Libro1**

Archivo   Edición   Ver   Insertar   Formato
Herramientas   Datos   Ventana   ?

H28   fx

| | A | B | C | D |
|---|---|---|---|---|
| 1 | Proyecto de reutilización de aguas residuales re | | | |
| 2 | Estado de las Líneas de la Red | | | |
| 3 | | Longitud | Diámetro | |
| 4 | ID Línea | m | mm | |
| 5 | Tubería 1 | 8,86 | 200 | |
| 6 | Tubería 2 | 67,35 | 200 | |
| 7 | Tubería 3 | 151,4 | 200 | |
| 8 | Tubería 4 | 182,4 | 200 | |
| 9 | Tubería 5 | 60,9 | 200 | |
| 10 | Tubería 6 | 81,67 | 200 | |
| 11 | Tubería 13 | 77,9 | 200 | |
| 12 | Tubería 21 | 209,23 | 200 | |

Hoja1 / Hoja2 / Hc

**6.** En Excel, sigue la ruta *>Datos/Ordenar*. En el menú elige Diámetro. Esto hará que las tuberías con el mismo diámetro se pongan juntas para que puedas calcular el número de metros de cada diámetro.

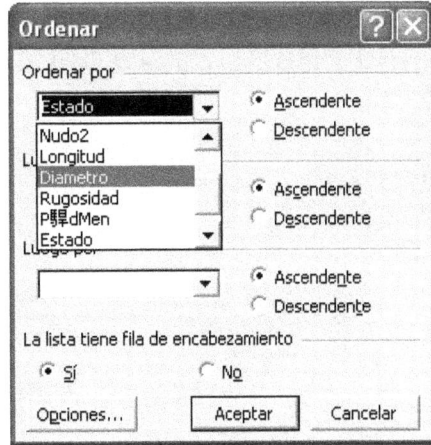

**7.** Cambia puntos por comas para que la versión española reconozca 5.6 como 5,6. Para ello, pulsa Ctrol y B simultáneamente o pulsa *>Edición/Buscar*. Según las versiones de los programas que uses, quizás no necesites hacer este paso, o te sea preciso seguir otros:

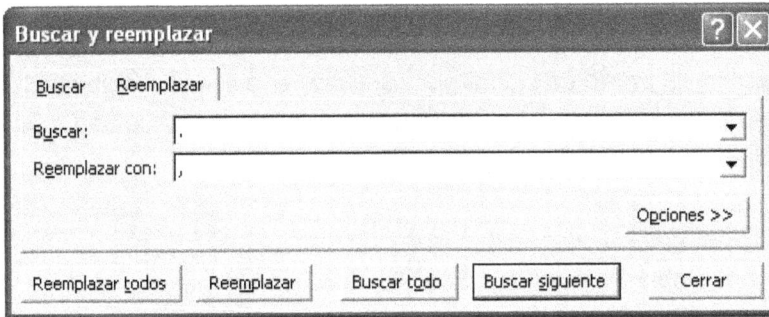

**8.** Calcula los totales para cada diámetro y asígnale un precio por metro lineal que incluya excavación, rellenado, instalación, etc. En la imagen se muestra en negrita azul todo lo que se ha añadido a la hoja de cálculo en este proceso.

| Ju2 | Longitud | Diametro | TOTAL | Precio metro | Subtotal |
|---|---|---|---|---|---|
| 24 | 77,9 | 100 | 253,28 | 60 | 15196,8 |
| 17 | 175,38 | 100 | | | |
| 32 | 230,05 | 100 | | | |
| 2 | 8,86 | 200 | 227,61 | 120 | 27313,2 |
| 3 | 67,35 | 200 | | | |
| 4 | 151,4 | 200 | | | |
| 5 | 182,4 | 250 | =SUMA(D9:D10) | | |
| 6 | 60,9 | 250 | SUMA(**número1**; [número2]; ...) | | |
| 36 | 81,67 | 300 | | | |
| 13 | 209,23 | 300 | | | |

A partir de aquí ya estás en tus propias manos para no salirnos de tema.

# Usando EPANET para determinar el consumo energético

Hemos visto que en la mayoría de casos es más sencillo y menos propenso a error calcularlo a mano. Si estás en uno de los casos en los que será laborioso o complicado hacerlo a mano, puedes obtener un informe de energías parecido a este:

| Bomba | Porcentaje Utilización | Rendimiento Medio | kWh /m3 | Pot.Media kW | Pot.Punta kW | Coste /día |
|---|---|---|---|---|---|---|
| 23 | 100,00 | 75,00 | 0,10 | 0,09 | 0,09 | 42,19 |
| Coste Total | | | | | | 42,19 |
| Término de Potencia | | | | | | 0,00 |

Para obtenerlo, sigue esto pasos:

1. Determina el precio de la energía y si tiene variaciones. Como muchos países tienen superávit energético por la noche, es frecuente que sea más barata la electricidad.

2. En la pestaña *Datos* del *Visor*, selecciona *Opciones* abajo del todo y *Energía* después, para desplegar este diálogo:

| Propiedad | Valor |
|---|---|
| Rendimiento Bombas (%) | 75 |
| Precio Energía (por kWh) | 0,3 |
| Curva Modulación Precios | 1 |
| Coste de la Potencia Máxima | 0 |

3. Introduce el precio del kWh. Si la energía proviene de un generador, asume el 30 por ciento del precio del litro de diésel como coste del kWh. Si hay diferencias horarias en el precio crea una curva de modulación como se ha visto en los apartados del capítulo 4. El coste de la Potencia máxima se utiliza si facturaran por potencia máxima utilizada, que raramente es el caso.

4. Para obtener el Informe de energía sigue la ruta >*Informe/Energías*.

Si quieres hilar más fino, puedes introducir una curva de modulación para el rendimiento. Esta curva la obtendrás del fabricante de la bomba, esta expresada en % y puede estar etiquetada como η. Es la eficiencia global, lo que también se suele llamar del cable al agua. Se crea en el editor de curvas de comportamiento tal como se ha explicado en el capítulo 4 para las curvas de cubicación. A modo de recuerdo:

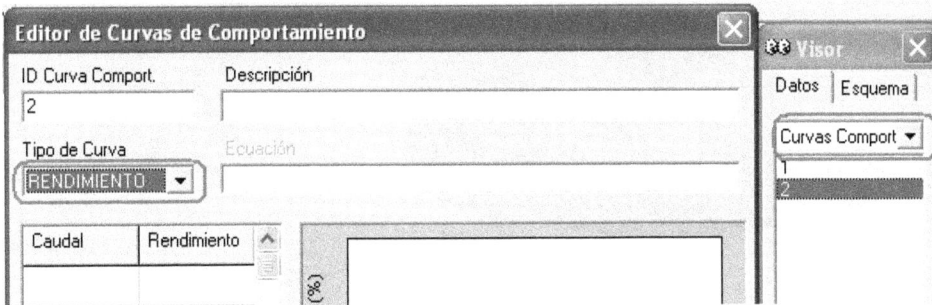

Para introducirla pincha la bomba en cuestión y ve a la propiedad *Tipo de Curva* y selecciona *rendimiento*.

# Ranking de gastos

Donde se gasta cuánto dinero al construir una red es algo que depende de su naturaleza de la infraestructura. Algunos autores, como Stephenson[1], hacen un desglose genérico que reparte los gastos así: 55% de la inversión a tuberías, 25% excavación e instalación. En Cooperación, excluyendo gastos de estructura de la ONG y de acceso al agua (sondeos, etc.), las cifras que siguen son más cercanas a mi experiencia:

| | | |
|---|---|---|
| 1º. Tuberías y accesorios | 36% |
| 2º. Excavaciones | 31% |
| 3º. Lecho de arena | 16% |
| 4º. Cajas de válvulas | 11% |
| 5º. Instalación tuberías | 5% |

Aquí se pueden sacar algunas conclusiones interesantes. Los puntos 2, 3, 4 y 5 se pueden considerar relativamente independientes del diámetro de la tubería. Es decir, dos tercios de la inversión son independientes del diámetro de la tubería.

---

[1] *Stephenson (1981) "Pipeline Design for Water Engineers".*

La conclusión es tan importante que merece su propio apartado.

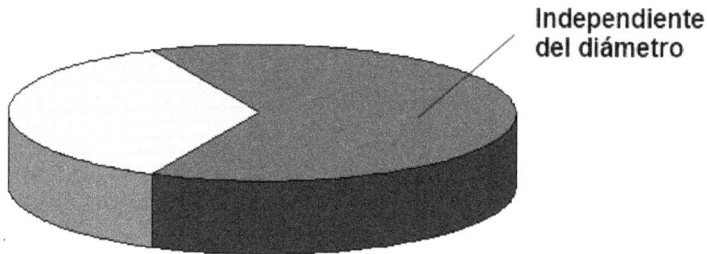

Independiente
del diámetro

## La "diametrosis seca"

Evidentemente este no es un término ingenieril, más bien una maniobra mía para que recuerdes esta enfermedad de la que adolecen muchas redes de Cooperación al desarrollo, generalmente fruto de un enfoque "economía de la abuela" o de una imposición "tiene que costar menos que x" (para presentarlo a tal convocatoria).

Básicamente se intenta ahorrar en las tuberías limitando sus diámetros a lo estrictamente mínimo. El resultado son redes que apenas toleran errores de diseño o cambios de uso, que no son fácilmente ampliables, que dejan tirados a los usuarios en los momentos del día donde más necesitan el agua y que son costosas de operar. No es sorprendente que estas redes frecuentemente estén secas. Si se acompañan de ahorros en el material de protección de la tubería (lecho de arena) y en la excavación colocándolas muy superficiales el resultado no deja mucho margen para las felicitaciones.

Duplicar una línea porque no es capaz de transportar suficiente caudal sale bastante caro. Veamos un ejemplo comparando 1.000 metros de una tubería de 200 mm, con dos de 160 y 125 mm que transportan la misma cantidad de agua. Fíjate que de 160 a 200 mm sólo hay un salto de diámetro:

|  | **200 mm** | **160 + 125 mm** |
|---|---|---|
| Precio tubería | 21.000 | 13.500 + 8.100 |
| Instalaciones etc. (64%) | 37300 | 37.300 + 37.300 |
| ***TOTAL*** | ***58.300 €*** | ***96.200 €*** |

Por tanto, **sé generoso con los diámetros de las tuberías cuando sean de plástico** y harás que las poblaciones servidas puedan:

1. Retardar ampliaciones.
2. Facilitar ampliaciones.
3. Disminuir los gastos de bombeo radicalmente.

## Sé generoso, pero... ¿cuánto y cómo?

Ser generoso con los diámetros tiene dos efectos secundarios principales, un empeoramiento de la calidad por el aumento del tiempo de permanencia en la red y un aumento de los costes.

Los mejores candidatos a promoción son:

**(1)** Bajantes de depósitos o líneas de bombeo.

**(2)** Tuberías que forman parte de mallas.

**(3)** Tuberías importantes que podrían formar una malla en el futuro.

**(4)** Aquellas que van a zonas con posible desarrollo.

En la imagen se han engrosado las posibles candidatas:

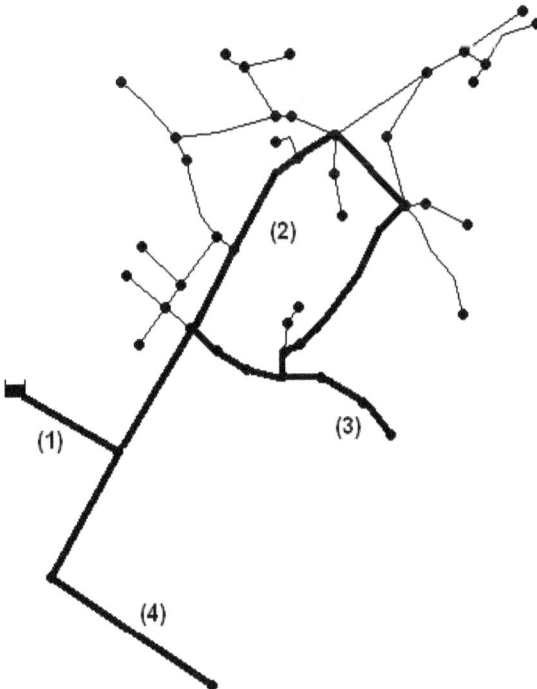

La siguiente cuestión es en qué medida aumentar. Hay un diámetro por debajo del cual hay una disminución espectacular de la capacidad de transporte. Toma dos diámetros mayores que este primer diámetro de fracaso, es decir, el inmediatamente superior al primero que funcionaría.

A continuación, se ha representado la evolución de la presión de una tubería con el tiempo, suponiendo inicialmente que es de 4" y aumentándola hasta 8", cada línea de la gráfica representando diámetro de tubería. Se ha exagerado el intervalo de presión para hacerlo más visual:

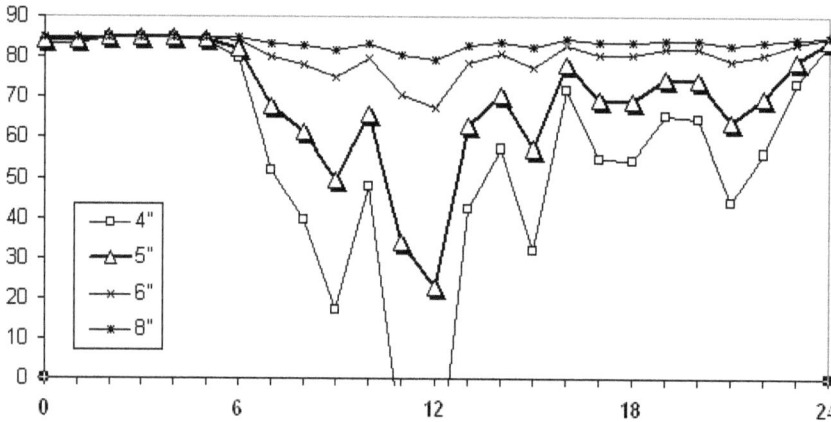

La primera tubería que consigue mantener la presión esta engrosada, y es la correspondiente a 5" (triángulos). Según el enfoque recomendado, la tubería a instalar sería el siguiente diámetro comercial disponible, 6". Si te fijas en la hora 12 del día verás que diámetros mayores apenas aportan ventajas. Este aumento de un paso del calibre permite ampliaciones en la mayoría de los casos sin necesidad de instalar tuberías nuevas.

# Costo vs. diámetro

### Tuberías y capacidad de transporte

Es frecuente pensar que las tuberías mayores transportan el l/s a menor precio. La lógica detrás es parecida a que si compras 300 bolígrafos el coste por unidad será más barato. Sin embargo, esto no es cierto para las tuberías de plástico; el coste por capacidad de transporte instalada casi no varía con el diámetro, es una constante.

Los dos gráficos que siguen muestran esta constancia para PVC (Uralita) y PEAD (Chresky), aproximadamente 1 €/m lineal por cada l/s en PVC y 1,1 €/m para el PEAD. En las gráficas el coste unitario es la línea gruesa horizontal cerca del eje:

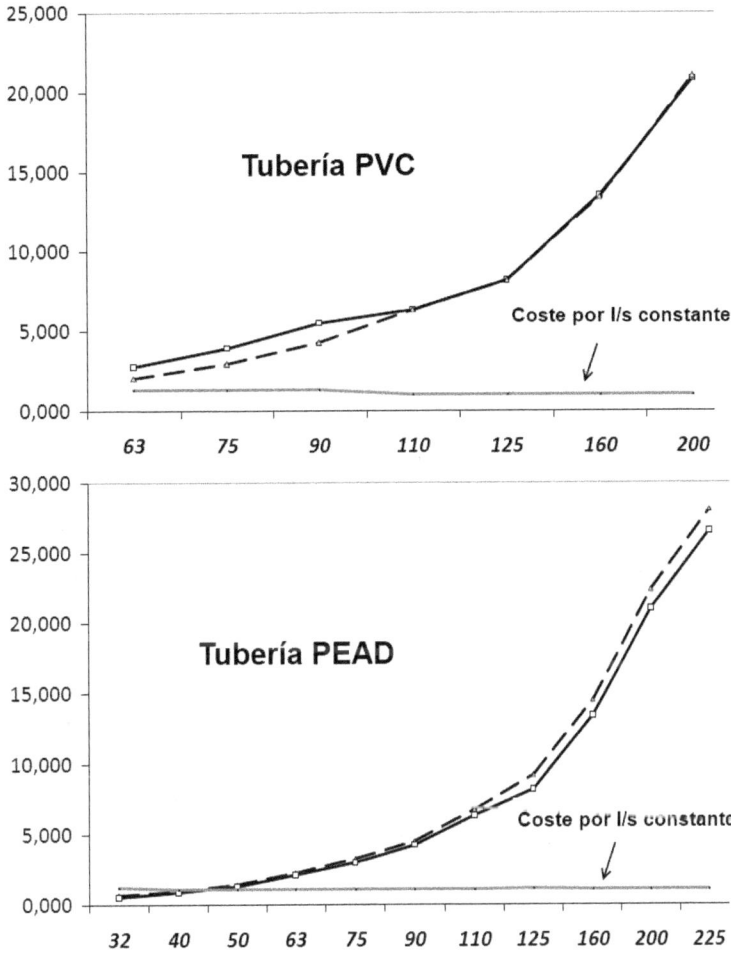

La capacidad de transporte de la tubería en l/s (cuadrados) y el coste por metro (triángulos) aumentan en paralelo al aumentar el diámetro en ambos casos.

## Accesorios

Un problema importante es que el precio de los accesorios, notablemente las válvulas, se dispara desproporcionadamente. Si una válvula de compuerta cuesta 11 dólares para 1", cuesta 1.460$ para 12". Puedes ver la evolución del precio con el diámetro en la gráfica:

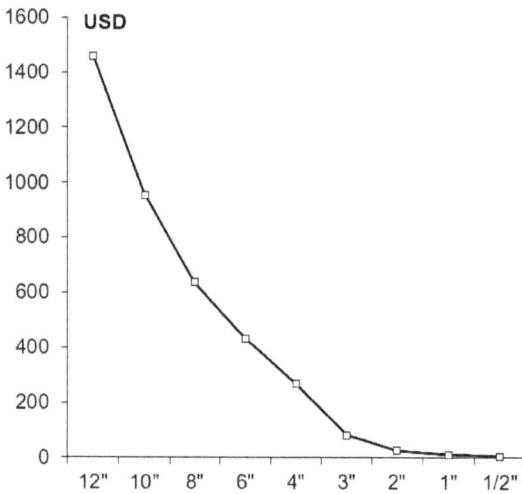

Cuanto mayor es el precio unitario de un artículo, menor es la probabilidad de que se reemplace. Aunque a priori no te pueda parecer gran cosa, sobretodo comparado con la inversión total del proyecto, ten en cuenta que 700 dólares en algunos contextos son muchos jornales. La consecuencia final es que, **el reemplazo de accesorios de control de diámetros mayores puede suponer un gran desafío para una comunidad**.

En apariencia, la red puede seguir funcionando y es frecuente que las poblaciones no se percaten de sus consecuencias. Aunque no es tan evidente como el reemplazo de una bomba, que si se estropea no hay agua, las válvulas de compuerta suelen romper en el proceso de apertura o cierre, se quedan cerradas a medias y la reducción de la capacidad de transporte de la tubería disminuye de manera importante.

## Diseños derrochadores más frecuentes

Estamos terminando este libro de introducción. Probablemente ya tengas un modelo montado, lo hayas trabajado y esté listo para ser servido. Antes de apresurarte a servirlo en caliente, comprueba que no estás en uno de estos casos:

### Estrangulamiento en tuberías clave

Es el caso de una red con tuberías demasiado pequeñas a la salida de un depósito o de una bomba. El resultado es una bajada de presión general de todos los puntos que frecuentemente se "soluciona" colocando los depósitos a mayor altura o escogiendo bombas de mayor potencia. Esto es como acelerar un coche a la vez que se pisa el freno. Los gastos de combustible se disparan. Para solucionarlo, aumenta el diámetro de estas tuberías y baja los depósitos y/o disminuye la potencia de las bombas.

## Gigantismo

Este es un caso que frecuentemente pasa desapercibido porque la red funciona estupendamente. Consiste en colocar tuberías mucho más grandes de lo realmente necesarias, perjudicando la calidad, aumentando el coste de inversión y el de mantenimiento. La manera más sencilla de detectarlo es ver la velocidad que tienen las tuberías en el periodo de máximo consumo. Si es menor que 0,2 m/s, es sospechosa de gigantismo, aunque no siempre sea el caso.

## Redundancia

Consiste en colocar tuberías que no aportan capacidad de transporte en lugares donde la geografía no las hace necesarias. Hemos visto el coste de instalar una tubería paralela a otra ya existente, pero sin capacidad suficiente. Instalar tuberías redundantes es muy similar

Si recordamos los datos:

|  | 200 mm | 160 + 125 mm |
|---|---|---|
| Precio tubería | 21000 | 13500 + 8100 |
| Instalaciones etc. (64%) | 37300 | 37300 + 37300 |
| **TOTAL** | **58300 €** | **96200 €** |

Evidentemente montar tuberías paralelas casi en la misma zanja es muy parecido a hacer cualquiera de estas dos cosas.

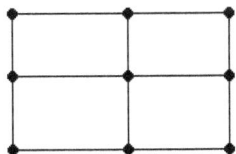

Tenemos mucha tendencia a dibujar las redes así, quizás porque se ven frecuentemente en los libros.

¿Acaso esto no sería equivalente en gran parte de los casos?

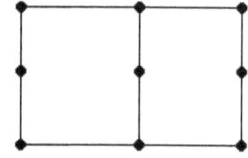

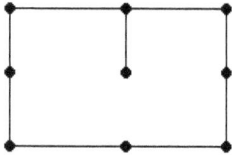

Incluso esto, si la distribución terminal no plantea un problema, por ejemplo, de calidad.

Una de las mejores formas de evitar esto es haciendo uso de la esqueletización.

# Bibliografía

1. Arnalich, S. (2007). *EPANET y Cooperación. 44 Ejercicios progresivos comentados paso a paso.* Arnalich, Water and Habitat

   www.arnalich.com/es/libros.html

2. Arnalich, S. (2008). *Abastecimiento de Agua por Gravedad. Concepción, Diseño y Dimensionado para Proyectos de Cooperación.* Arnalich, Water and Habitat

   www.arnalich.com/es/libros.html

3. Cabrera E. y otros (2005). *Análisis, Diseño, Operación y Gestión de Redes de Agua con EPANET.* Editorial Instituto Tecnológico del Agua.

4. Expert Committee (1999). *Manual on Water Supply and Treatment.* Government of India.

5. Fuertes, V. S. y otros (2002). *Modelación y Diseño de Redes de Abastecimiento de Agua.* Servicio de Publicación de la Universidad Politécnica de Valencia.

6. Mays L. W. (1999). *Water Distribution Systems Handbook.* McGraw-Hill Press.

7. Santosh Kumar Garg (2003). *Water Supply Engineering.* 14° ed. Khanna Publishers.

8. Rossman, L. (2000). *EPANET 2 User's Manual.* Environmental Protection Agency. Cincinnati, USA.

9. Walski, T. M. y otros (2003). *Advanced water distribution modeling and management.* Haestad Press, USA. Haestad methods.

10. Walski, T. M. y otros (2004). *Computer Applications in Hydraulic Engineering.* Haestad Press, USA. Haestad methods.